ニュートン超図解・新書

最強に面白い

化学

はじめに

　原子や元素，分子に周期表，イオン結合，有機物……。そんな言葉を化学の授業で聞いたけれど，自分たちには関係のない，遠い世界の話だと思った人もいるのではないでしょうか。でもそれは，大きなまちがいです。

　化学は，物質の構造や性質を解き明かしていく学問です。その成果は，私たちの身のまわりのあらゆるところで見ることができます。たとえば，毎日使うスマートフォンからコンビニのレジ袋，医薬品まで，生活の中で利用する多くのものが，化学の知識を元に生み出されているのです。私たちの生活は，化学がなければ成り立たないといえるでしょう。

本書では，さまざまな現象にかかわる化学を，"最強に"面白く紹介しています。化学を勉強している中高生や，学生時代に挫折してしまった人にピッタリの1冊です。どうぞお楽しみください！

ニュートン超図解新書

最強に面白い

化学

イントロダクション

第3章
身のまわりにあふれるイオン

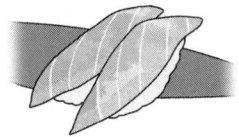

【本書の主な登場人物】

アメデオ・アボガドロ
（1776 ～ 1856）
イタリアの化学者，物理学者。
「同じ圧力，同じ温度，同じ
体積の気体は，同数の分子を
含む」というアボガドロの法則
で知られる。

中学生

ペンギン

イントロダクション

化学と聞くと，自分とは何の関係もないむずかしい学問だと思う人も少なくないでしょう。でも実際は，化学は私たちの生活のさまざまな場面で活躍しています。イントロダクションでは，化学とは何なのか，そして，私たちの身のまわりにどんな化学がひそんでいるのかをみていきましょう。

1 化学とは，物質の性質を調べる学問

化学は，錬金術から発展してきた

　原子，元素，分子，周期表にイオン結合，無機物，有機物……。そんな言葉を化学の授業で習った記憶はあるけれど，その意味はちんぷんかんぷんという人は少なくないでしょう。「化学」とは，いったい何なのでしょうか。

　化学とは，世の中のすべての物質の構造や性質を解き明かす学問です。英語で化学を意味するChemistryは，Alchemy（錬金術）に由来します。中世以前に，ありふれた金属を金などの貴重な金属につくりかえようとした試みが錬金術です。金を生みだす錬金術そのものは成功しませんでしたが，その試行錯誤（実験する精神）から化学は発展してきました。

14

化学は生活に欠かせない
身近なもの

　私たちの身のまわりのあらゆる物質が化学の対象です。さらに物質の構造や性質がわかり，物質どうしがどのような反応をおこすのかがわかれば，その知識はさまざまな技術に応用できます。実際に，私たちが利用する多くのものは，化学の知識を元に生み出されたものです。

　化学は私たちの生活に欠かせない，とても身近な学問であることを，これからみていきましょう。

スマートフォンも，紙も鉛筆も，あらゆるものが化学の結晶なのです。

1 鉛筆の芯とノートの構造

私たちがよく使う鉛筆の芯と，ノート（紙）のミクロの構造を示しました。化学とは，このような物質の構造や性質を解き明かしていく学問です。

炭素原子

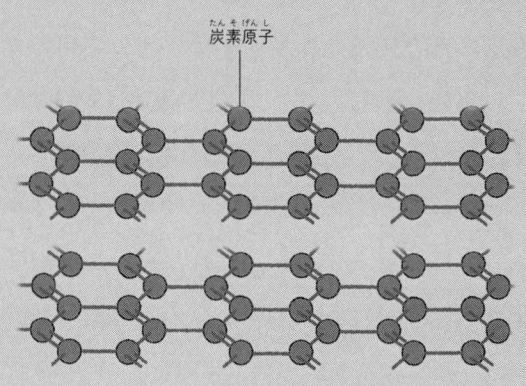

黒鉛（グラファイト）
炭素原子（C）が正六角形の網目構造をした膜が，層状に積み重なっています。膜どうしは，弱い電気的な力でつながっています。

鉛筆
鉛筆の芯は，炭素の膜が層状をした黒鉛を粘土と混ぜたものです。

16

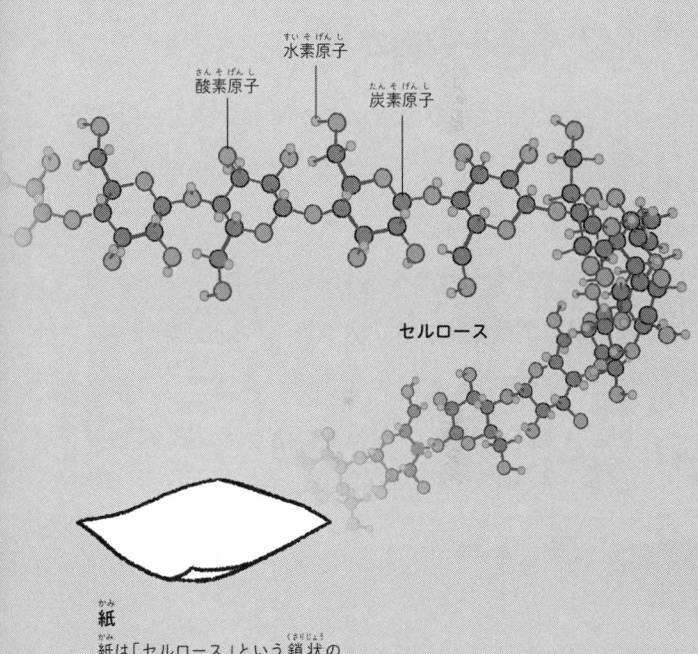

酸素原子

水素原子

炭素原子

セルロース

紙

紙は「セルロース」という鎖状の
分子でできています。

17

2 スマホには，レアな元素がたくさん使われている

スマホが高性能なのは，レアメタルのおかげ

今や，私たちの生活に欠かせないスマートフォン（スマホ）。スマホには，どんな化学がひそんでいるのでしょうか。

スマホが多機能かつ高性能なのは，「レアメタル」のおかげです。レアメタル（希少金属）とは，地上に存在する量の少なさや，採掘方法のむずかしさなどから希少性が高いとされる，経済産業省が指定した金属元素の総称です。

2 スマホの中にある元素

スマホの中にあるパーツと，そこに使われている元素を紹介しています。炭素やアルミニウムなどから，貴重なレアメタルまで，スマホの中にはたくさんの元素がつまっています。

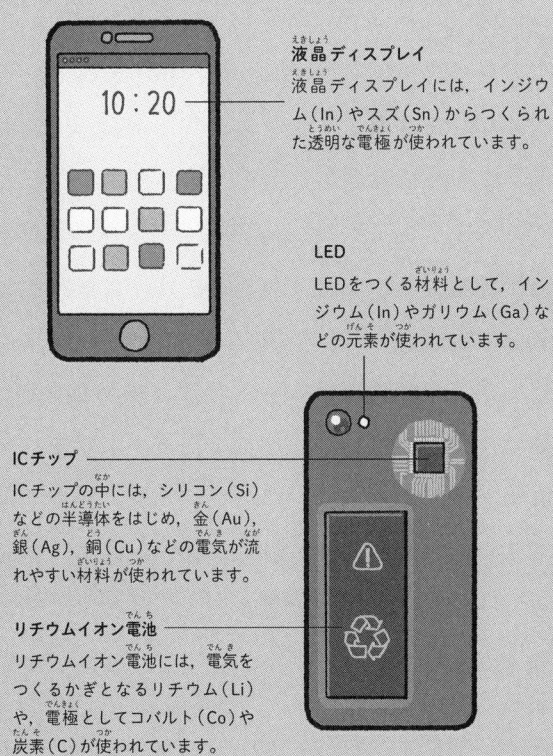

液晶ディスプレイ
液晶ディスプレイには，インジウム（In）やスズ（Sn）からつくられた透明な電極が使われています。

LED
LEDをつくる材料として，インジウム（In）やガリウム（Ga）などの元素が使われています。

ICチップ
ICチップの中には，シリコン（Si）などの半導体をはじめ，金（Au），銀（Ag），銅（Cu）などの電気が流れやすい材料が使われています。

リチウムイオン電池
リチウムイオン電池には，電気をつくるかぎとなるリチウム（Li）や，電極としてコバルト（Co）や炭素（C）が使われています。

家電製品には，必ずレアメタルが含まれる

　リチウムイオン電池の材料となる「リチウム（Li）」，スピーカーなどに使われている「ネオジム（Nd）」，液晶ディスプレイに欠かせない透明な金属の材料となる「インジウム（In）」など，スマホにはさまざまなレアメタルが使われています。これらの元素の性質をうまく利用することで，スマホはできているのです。スマホのほかにも，家電製品には必ずレアメタルが含まれるといっても過言ではありません。

　レアメタルを確保することは，まさに現代産業の生命線です。そこで最近，スマホやデジタルカメラ，オーディオプレーヤーなど，廃棄される家電製品に使われている金属や微量のレアメタルを「都市鉱山※」と名づけ，リサイクルする試みが進められています。

※：東京2020オリンピック・パラリンピックの約5000個の金・銀・銅メダルは，都市鉱山から得た金属でつくられました。

3 鮮やかな花火の色は，化学でつくる

バリウムは黄緑，カルシウムはオレンジ

　夜空を美しくいろどる花火。花火の鮮やかな色も，化学の力で生みだされています。

　花火の色のちがいを生んでいるのは，「光を放つ金属元素のちがい」です。熱エネルギーを受け取った金属の原子は一時的に不安定な状態になり，安定な状態にもどるときに，元素ごとに特有の色（波長）の光を放ちます。たとえば，バリウム（Ba）は黄緑，カルシウム（Ca）はオレンジ，カリウム（K）は紫，といったぐあいです。化学では，これを「炎色反応」といいます。

江戸時代の花火は，
カラフルではなかった

花火師は，これらの金属元素を含むさまざまな
「炎色剤」を調合することで，さまざまな色を生
み出しています。色とりどりの花火が日本で見ら
れるようになったのは，明治時代以降のことで
す。それ以前の江戸時代の花火は，今のようにカ
ラフルではなく，黒色火薬の燃焼で生じる暗い
オレンジ色の光が主だったといわれています。
黒色火薬とは，硝石（硝酸カリウム，KNO_3）や
硫黄（S），木炭などをまぜあわせた火薬です。

明治時代以降のカラフルな花火は
「洋火」とよばれ，江戸時代までの
暗いオレンジ色の花火は「和火」
とよばれるペン。

3 色とりどりの炎色反応

金属を加熱すると，種類ごとに決まった色の光を放ちます。これを炎色反応といいます。さまざまな金属を含む「炎色剤」を使うことで，花火のあざやかな色が生みだされています。

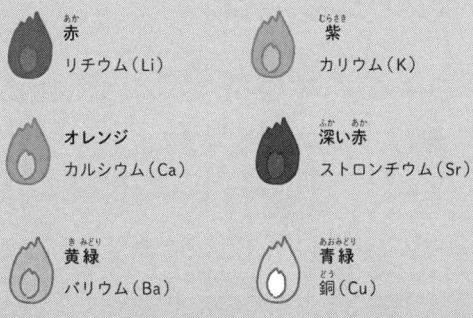

赤
リチウム（Li）

紫
カリウム（K）

オレンジ
カルシウム（Ca）

深い赤
ストロンチウム（Sr）

黄緑
バリウム（Ba）

青緑
銅（Cu）

23

4 プラスチックは，"鎖状の分子"でできている

プラスチックには，さまざまな種類がある

「プラスチック」は，身近な化学の代名詞だといえるでしょう。歯ブラシやペットボトル，レジ袋やストローなど，多くのプラスチック製品が私たちの生活を支えています。

ひとくちにプラスチックといっても，化学的にはさまざまな種類があります。なかでも代表的なのは，レジ袋などに使われる「ポリエチレン」と，ストローなどに使われる「ポリプロピレン」です。

となりあう分子どうしを つなげてつくる

　ポリエチレンは，「エチレン」という分子からつくります。エチレンの分子は，2個の炭素原子が"2本の手"でつながっています（二重結合といいます）。その一方の手を解くことで，となりあうエチレンどうしをつなげることができます。こうして，たくさんのエチレンを鎖のように次々とつなげたものがポリエチレンです。一方，ポリプロピレンは，エチレンのかわりに，「プロピレン」を次々に鎖状につなげたものです。

　プラスチックは，自然にはほとんど分解されません。そのため，プラスチックによる環境汚染が問題になっています。

最近は，レジ袋が有料化されたり，プラスチック製のストローが使われなくなったりと，プラスチックゴミを減らすための動きが広がっているよね。

4 プラスチックの構造

エチレンからつくられるポリエチレンと，プロピレンからつくられるポリプロピレンの分子構造をイラストで示しました。どちらも鎖状に一本に連なった構造をしています。

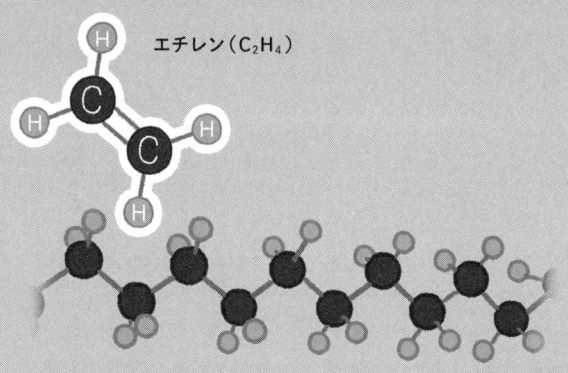

エチレン（C_2H_4）

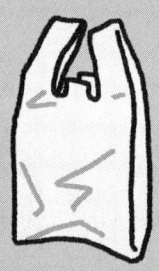

ポリエチレン
多数のエチレンが鎖状につながったのがポリエチレンです。スーパーやコンビニのレジ袋のほか，包装用フィルムなどに使われています。

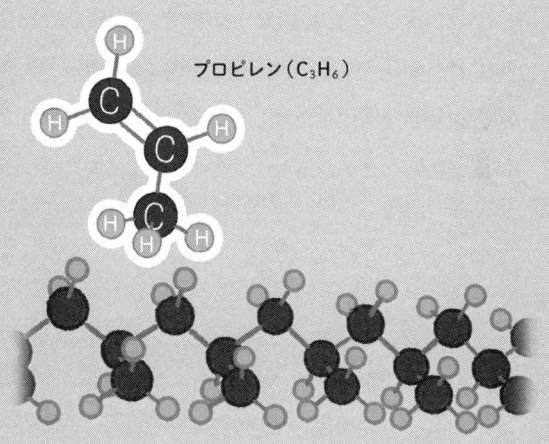

プロピレン（C_3H_6）

ポリプロピレン
多数のプロピレンが鎖状につながった
のがポリプロピレンです。ポリプロピレ
ンはポリエチレンよりも硬いため，スト
ローのほか，使い捨てのスプーンやフォ
ーク，容器などに使われています。

開発が進む
生分解性プラスチック

　プラスチックによる環境汚染をふせぐため，化学者たちが近年さかんに研究しているのが，「生分解性プラスチック」です。生分解性プラスチックとは，微生物などの生き物が分解できるプラスチックのことです。その代表的なものが，「ポリ乳酸」です。

　ポリ乳酸は，トウモロコシなどのでんぷんを「乳酸」に変え，その乳酸を鎖状につなげたプラスチックです。ポリ乳酸は，生物由来の「バイオプラスチック」にも分類されます。

　ポリ乳酸は，土壌などに生息する一部の微生物が分解できます。ただし，急速に分解するためには60℃付近にするなどの特別な条件が必要とされます。たんに土に埋めたり海に捨てたりした場合

は，数か月，あるいは年単位の時間をかけても，完全には分解されないことがあるとみられています。**そのため，より分解されやすい生分解性プラスチックの開発が望まれています。**

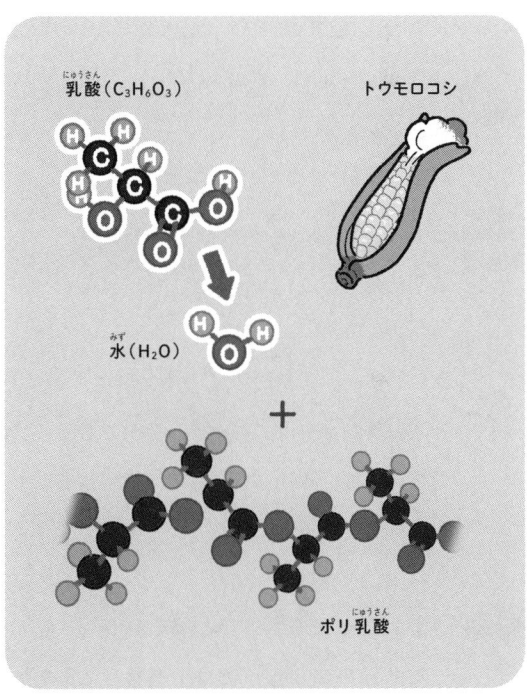

乳酸（$C_3H_6O_3$）

トウモロコシ

水（H_2O）

+

ポリ乳酸

博士！教えて!!

ダイヤモンドをつくるには？

博士！　ダイヤモンドを家でつくって大もうけしたいんですけど，ダイヤモンドってどんな元素でできているんですか？

ダイヤモンドは，鉛筆の芯と同じ炭素（C）でできておる。

じゃあ，鉛筆の芯からダイヤモンドをつくれますか!?

うーむ……。天然のダイヤモンドは，地下150〜250キロメートルでつくられておる。1000℃以上，数万気圧の環境で，炭素がおしかためられてできるんじゃ。

地下150〜250キロ!?　ダイヤモンドをつくって億万長者になるのは，あきらめないといけませんね……。

30

家でつくるのは無理じゃが，今は人工のダイヤモンドが，数日から数週間でつくれるようになっておるぞ。地球深部の高温・高圧環境を再現して，さらにさまざまな条件をととのえることでつくられるんじゃ。

31

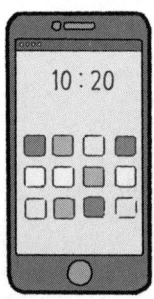

第1章

世界は原子で できている！

この世の中のすべてのものは，原子ででき
ています。原子はとても小さくて目に見る
ことはできません。第1章では，原子と
はいったいどういうものなのかをみていき
ましょう。

通常の物質は、「原子」でできている！

空気も地球も生物も、原子で構成されている

世の中の通常の物質は、すべて「原子」という極小の粒でできています。空気も地球も生物も、あらゆるものは原子で構成されているのです。

20世紀に活躍した物理学者リチャード・ファインマン（1918〜1988）は、次のようなことをのべています。

もしも今、大異変がおき、科学的な知識がすべてなくなってしまい、たった一つの文章しか次の時代の生物に伝えられないとしたら、それは「すべてのものはアトム（原子）からできている」ということだろう、と……。

原子の大きさは，
0.0000001ミリメートル

　ふだん感じることはないかもしれませんが，当然，われわれ自身も原子のかたまりです。感じることがむずかしいのは，原子があまりに小さいからです。平均的な原子の大きさは，1000万分の1ミリメートル。ゼロを並べると，0.0000001ミリメートルです。ゴルフボールと原子1個の大きさをくらべることは，地球とゴルフボールの大きさをくらべることに等しくなります。

紀元前500年ごろ，古代ギリシャの哲学者デモクリトスは，物質を細かくしていくと，これ以上わけられない最小の存在があると考え，それをアトムと名づけました。日本では，明治時代のはじめころから，アトムを原子とよぶようになったそうです。

1 原子はとてつもなく小さい

原子の大きさは10⁻¹⁰メートル（1000万分の1ミリメートル）
程度です。地球の大きさまでゴルフボールを拡大したと
き，元のゴルフボールの大きさが原子に相当します。

ゴルフボール
（直径約4センチメートル）

地球（直径約1万3000キロメートル）

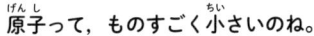

原子って，ものすごく小さいのね。

ゴルフボール

原子
（直径10^{-10}メートル程度）

2 原子は，原子核と電子でできている

原子の中身はどうなっている？

原子についてくわしくみてみましょう。

原子は，10^{-10}メートルほどの小さな粒子です。その中心には「原子核」があります。原子核は，プラスの電気を帯びた「陽子」と，電気的に中性な「中性子」が合体してできています。さらに，原子核のまわりにはマイナスの電気を帯びた「電子」が飛びまわっています。陽子と電子の数は同じで，一つの原子全体では電気的に中性となっています。

原子の種類は陽子の数で決まる

　原子には，水素原子（H）や酸素原子（O）など，たくさんの種類があります。このような原子の種類（元素）は，何で決まるのでしょうか。それは，原子核にある陽子の数です。たとえば水素原子には，陽子1個が含まれています。そして酸素原子には，陽子8個が含まれています。**このように原子の種類によって，陽子の数がことなっているのです。**

　各元素の陽子の数を，「原子番号」といいます。水素原子の原子番号は1，酸素原子の原子番号は8です。

原子番号は，1911年にオランダのファン・デン・ブルック（1870〜1926）が提案し，1913年にイギリスのヘンリー・モーズリー（1887〜1915）により物理的な意味が明らかにされました。

39

2 水素原子と酸素原子の構造

原子の種類（元素）ごとに，陽子の数は決まっており，水素原子は1個，酸素原子は8個の陽子をもっています。それぞれの原子には，陽子と同じ数の電子があります。

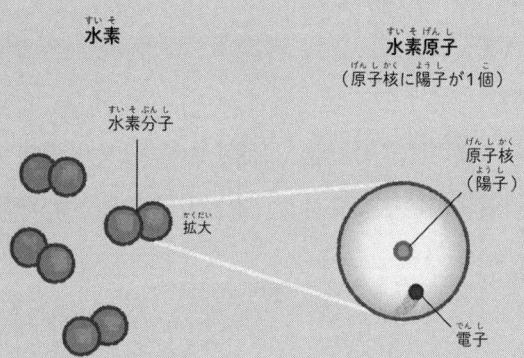

水素

水素分子

拡大

水素原子
（原子核に陽子が1個）

原子核
（陽子）

電子

40

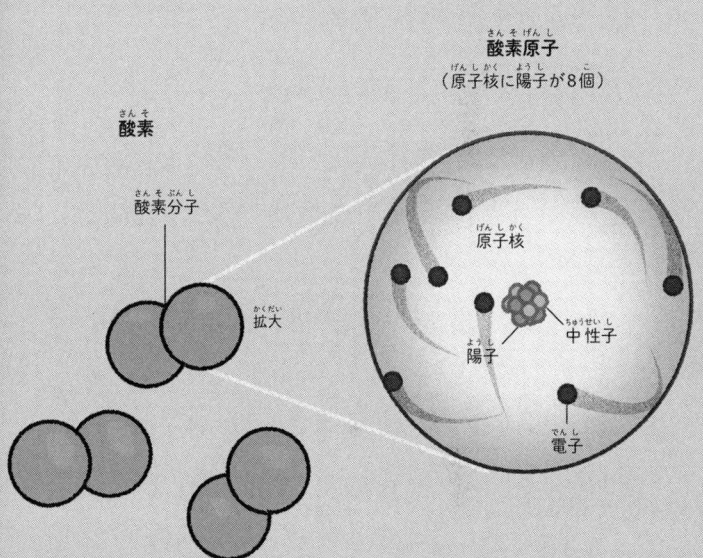

酸素原子
（原子核に陽子が8個）

酸素

酸素分子

拡大

原子核

中性子

陽子

電子

水素原子には，重いものと軽いものがある

陽子の数が同じでも，中性子の数がことなる

原子核を構成する陽子の数は，元素ごとに決まっています。**しかし，中性子の数はそうとはかぎりません。**

たとえば水素原子（H）の場合，陽子は1個と決まっていますが，中性子は0個，1個，2個の3種類があります。同じ水素でも，中性子の数が多いほど重くなります。

このように，原子番号（陽子の数）が同じで，中性子の数がことなる原子を「同位体」といいます。

3 水素の同位体

イラストでは，3種類の水素の同位体をえがきました。いずれも陽子の数は同じですが，中性子の数がことなっています。この中で三重水素のみ，放射性同位体です。

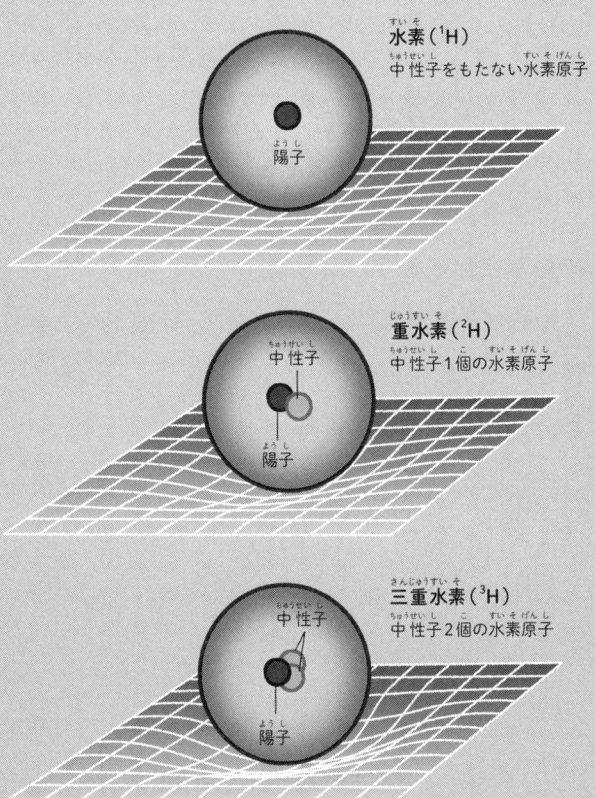

水素(^{1}H)
中性子をもたない水素原子

陽子

重水素(^{2}H)
中性子1個の水素原子

中性子

陽子

三重水素(^{3}H)
中性子2個の水素原子

中性子

陽子

43

中性子の数が2個の水素原子は,放射線を出す

　同位体を発見したのは,イギリスの物理化学者フレデリック・ソディ（1877 ~ 1956）です。ソディは1910年ごろ,化学的な性質は同じなのに,放出する放射線の特徴にちがいをもつ原子のグループがあることに気づきました。

　ソディが調べた原子のように,同位体の中には放射線を出すものがあります。たとえば,中性子の数が2個の水素原子は,中性子1個がベータ線という放射線を出して陽子に変化し,別の原子核（ヘリウム3）になります。

　このように放射線を出す同位体を,放射性同位体といいます。

4 原子がぶつかって 「化学反応」がおきる

化学反応で，原子の組み合わせがかわる

　原子と原子は，衝突してくっつきあい，分子となることがあります。また，分子と分子が衝突してくっついたり，その衝撃で原子を放したりすることがあります。このような反応を，「化学反応」といいます。

　化学反応がおきると，分子を構成する原子の組み合わせがかわり，反応の前とはまったくちがう性質の別の分子ができます。

45

ものが燃えるのも，化学反応

　たとえば，酸素分子と水素分子を混合して熱や電気エネルギーを加えると，爆発的に反応して水という性質のちがう分子ができます（右のイラスト）。このような反応が，化学反応です。

　化学反応は，日常生活の中にも多くみられます。ものが燃えるのも，ものが酸素と結びつくという化学反応であり，私たちの呼吸も酸素を吸って体内のブドウ糖などの養分を燃やす化学反応です。

　化学反応は分子の衝突によっておきるので，加熱すると分子の運動がはげしくなって反応がはじまったり，反応が速く進んだりします。

氷がとけて水になるのは，分子の結合の強さがかわっただけで水分子に変化はないので，化学反応とはよばないペン。

4 水分子の生成

水素分子（H_2）と酸素分子（O_2）の分子を混合して，光や熱のエネルギーを加えると，分子どうしが衝突して化学反応をおこし，新しく水分子（H_2O）がつくられます。

水素分子（H_2）

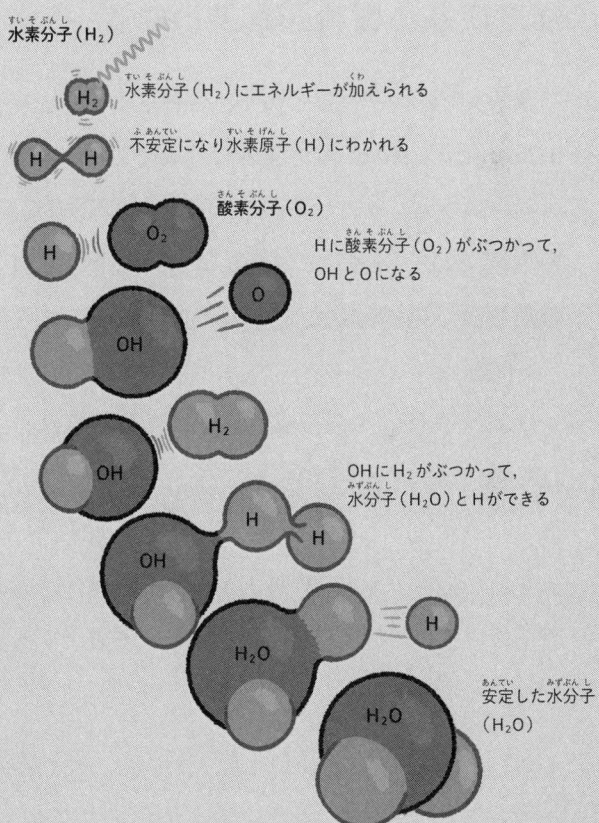

水素分子（H_2）にエネルギーが加えられる

不安定になり水素原子（H）にわかれる

酸素分子（O_2）

Hに酸素分子（O_2）がぶつかって，OHとOになる

OHにH_2がぶつかって，水分子（H_2O）とHができる

安定した水分子（H_2O）

47

5

膨大な数の原子や分子を，「モル」であらわそう！

炭素原子の質量が基準になる

原子1個の質量はきわめて小さなものです。そのため原子1個の質量を実際の数値であらわすのは実用的ではありません。**そこで，炭素原子（C）の質量を12として，これを基準に各原子の質量を比であらわす方法がとられています。** これを「原子量」といいます。

水素原子（H）の原子量は1，酸素原子（O）は16となります。分子の場合，分子を構成する原子の原子量を足したものを「分子量」として用います。たとえば水分子（H_2O）の分子量は，水素原子の原子量2個分（1×2）と酸素原子の原子量16を足した18です。

memo

1モルは原子や分子が 6.0×10²³個集まったもの

　また，原子や分子の個数を1個1個数えることはむずかしいため，「モル」という単位を使います。

　1モルは，原子や分子が6.0×10²³個集まったものです。6.0×10²³は「アボガドロ定数」といい，それだけの個数の原子・分子が集まると，その集団の質量（単位はグラム）が原子量・分子量と等しくなるのです。たとえば6.0×10²³個の炭素原子，つまり1モルの炭素原子の質量は，炭素の原子量が12なので，12グラムです。

原子の個数を数えるときには，6.0×10²³個をひとかたまりとして考えるのね。

5 原子量と分子量

炭素原子の質量を12としたときの，原子・分子の相対的な質量を，原子量・分子量といいます。原子や分子が 6.0×10^{23} 個（アボガドロ定数）集まると，質量（グラム）は原子量・分子量と同じになります。

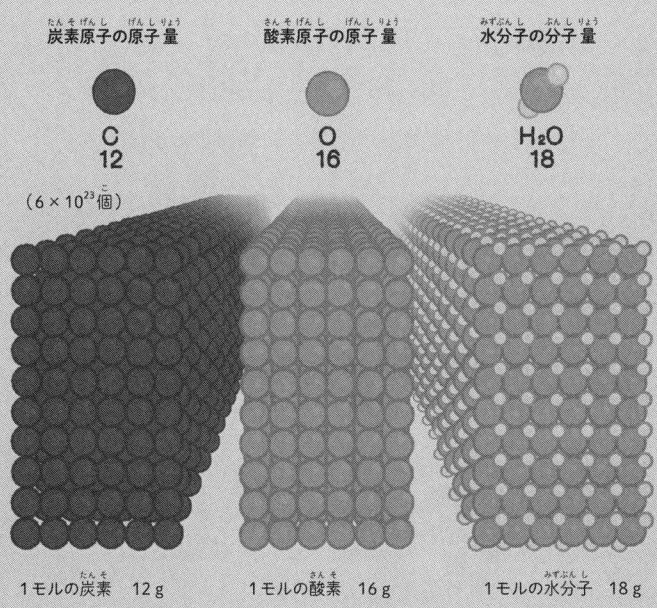

炭素原子の原子量

C
12

酸素原子の原子量

O
16

水分子の分子量

H_2O
18

（6×10^{23} 個）

1モルの炭素　12 g

1モルの酸素　16 g

1モルの水分子　18 g

モルの計算をやってみよう！

高校1年生の山田くんと佐藤くん。陸上部の二人は，長距離走の練習のため，校庭を50周走っています。

山田：のどがかわいて死にそうだよ〜。

佐藤：水を飲もうぜ！（1.8リットルの水を一気飲み）

山田：……ちょっと！　飲みすぎだろ！

佐藤：うっ！！！　おなかが痛くなってきた……。

山田：だから言っただろ？　ところで，水1.8リットルの中の水分子って，何個あるのかな？

Q1

水1.8リットルには，何個の水分子（H_2O）が含まれているでしょうか？　なお，水分子の分子量は18，水1リットルは1000グラムです。

1時間後，どうにか走り終えた山田くんと佐藤くん。山田くんは息が苦しかったので，酸素を吸入するための酸素ボンベを使っています。

山田：いやー，酸素を吸って，だいぶ楽になったよ。

佐藤：山田くんは張り切りすぎなんだよ！

山田：ところで，このボンベとても軽かったけど，本当に酸素が入っていたのかな？

佐藤：ラベルに，酸素の量0.5モルって書いてあるよ。

Q2

新品のボンベの中に入っていた0.5モルの酸素は，何グラムでしょうか？　なお，酸素分子（O_2）の分子量は32です。

ぷはー

モルの計算の答え

A_1 6×10^{25}個

23

$6 \times 100000000000000000000000$

1モル

 $\times 100 = 6 \times 10^{25}$

　1モルの水分子（H_2O）の重さは18グラムです。水1.8リットルの重さは1800グラムなので，1800グラムを18グラムで割ると，100になります。よって水1.8リットルには，100モルの水分子が含まれます。1モルは6×10^{23}個なので，100モルの水分子の数は，$6 \times 10^{23} \times 100 = 6 \times 10^{25}$個になります。

A❷ 16グラム

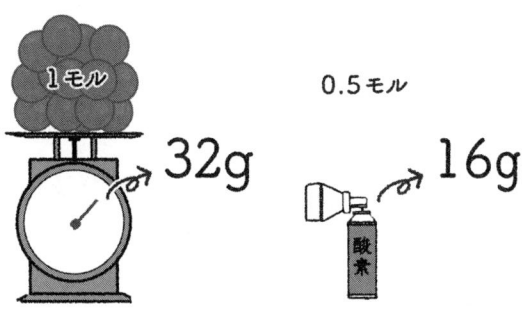

酸素分子（O_2）の分子量は32です。つまり，酸素1モルが32グラムということです。新品のボンベの中に入っていた酸素の量は0.5モルなので，その質量は，0.5 × 32 ＝ 16グラムと計算できます。

山田：今度からは，ペース配分を考えて走るようにするよ！

6

周期表をみれば，元素の"性格"が丸わかり

周期表は150年かけて，現在の形になった

　ここからは，周期表についてみていきます。**周期表とは，さまざまな元素をその化学的な性質のちがいによって分類したものです。** そのため，同じ縦の列（族）の元素の化学的性質は，似たものになっています。

　周期表は，1869年にロシアの化学者のドミトリ・メンデレーエフ（1834 ～ 1907）によってつくられました。それ以降，現在まで，新たな元素の発見にともなって，さまざまな改良が加えられています。

現在，発見されている元素の数は118個

　1890年代，次々と新元素が発見されました。これらの元素は，当時知られていたどの元素ともことなる性質をもっていたため，それを周期表のどこにあてはめるのか，メンデレーエフは頭を悩ませました。しかし，周期表に新たな列や属を追加することで，周期表に吸収できることがわかりました。

　その後も新しい元素が発見されるたびに議論がなされ，周期表にあてはめられてきました。**現在は，118個までふえています。**

メンデレーエフが周期表を作成した当時，発見されていた元素は63個だったペン。

6 現在の周期表

周期表は原子番号（陽子の数）の順に元素を並べたものです。縦の列を「族」といい、横の列を「周期」といいます。同じ族にある元素は、化学的性質が似ています。

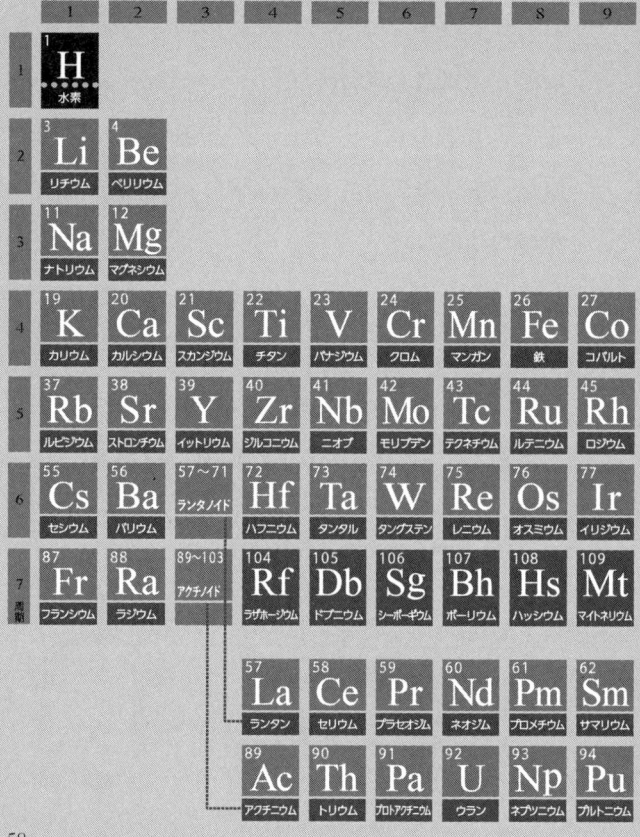

······ 単体が気体の元素（25℃，1気圧）

～～ 単体が液体の元素（25℃，1気圧）

── 単体が固体の元素（25℃，1気圧）

■ 「金属」に分類される元素

■ 「非金属」に分類される元素

注：104番以降の元素の性質は不明です。

10	11	12	13	14	15	16	17	18 族
								2 He ヘリウム
			5 B ホウ素	6 C 炭素	7 N 窒素	8 O 酸素	9 F フッ素	10 Ne ネオン
			13 Al アルミニウム	14 Si ケイ素	15 P リン	16 S 硫黄	17 Cl 塩素	18 Ar アルゴン
28 Ni ニッケル	29 Cu 銅	30 Zn 亜鉛	31 Ga ガリウム	32 Ge ゲルマニウム	33 As ヒ素	34 Se セレン	35 Br 臭素	36 Kr クリプトン
46 Pd パラジウム	47 Ag 銀	48 Cd カドミウム	49 In インジウム	50 Sn スズ	51 Sb アンチモン	52 Te テルル	53 I ヨウ素	54 Xe キセノン
78 Pt 白金	79 Au 金	80 Hg 水銀	81 Tl タリウム	82 Pb 鉛	83 Bi ビスマス	84 Po ポロニウム	85 At アスタチン	86 Rn ラドン
110 Ds ダームスタチウム	111 Rg レントゲニウム	112 Cn コペルニシウム	113 Nh ニホニウム	114 Fl フレロビウム	115 Mc モスコビウム	116 Lv リバモリウム	117 Ts テネシン	118 Og オガネソン

63 Eu ユウロピウム	64 Gd ガドリニウム	65 Tb テルビウム	66 Dy ジスプロシウム	67 Ho ホルミウム	68 Er エルビウム	69 Tm ツリウム	70 Yb イッテルビウム	71 Lu ルテチウム
95 Am アメリシウム	96 Cm キュリウム	97 Bk バークリウム	98 Cf カリホルニウム	99 Es アインスタイニウム	100 Fm フェルミウム	101 Md メンデレビウム	102 No ノーベリウム	103 Lr ローレンシウム

7

最外殻の電子が元素の性格を決める

電子が入ることのできる"席"の数が決まっている

　20世紀に入り，元素の化学的な性質をつくりだす原因は，「電子」であることが明らかになってきました。

　電子は，原子核のまわりの「電子殻」とよばれるいくつかの層にわかれて存在しています。電子殻には，内側から順番に「K殻」「L殻」「M殻」……というように，名前がついています。そして，K殻には2個，L殻に8個，M殻に18個というように，電子殻によって"席"の数が決まっています。電子は，基本的に電子殻の内側から順に席を埋めていきます。

最外殻の電子が，
反応をおこす張本人

原子核のまわりにある電子のうち，一番外側の電子殻（最外殻）にある電子が，別の原子や分子と反応をおこす張本人です。**そのため，原子の化学的な性質は，最外殻の電子の数によって大きく左右されます。**

ここで周期表に注目してください（62〜63ページのイラスト）。同じ縦の列（族）の元素は，最外殻の電子数が同じです。そのため，同じ族の元素の化学的性質はとてもよく似ています。なお18族以外の原子の最外殻の電子は，化学反応に大きくかかわるため，とくに「価電子」とよばれます。

> 周期表では，最外殻にある電子の数の同じ元素どうしが，縦の列に並ぶように配置することで，性質の似た元素が一目でわかるようになっているのです。

7 外側の電子が性質を決める

周期表の同じ縦の列（族）の元素は，最外殻の電子の数（価電子）が同じです。そのため，同じ族の元素は，似た性質を示します。1～17族は，最外殻に空きがあるため，さまざまな反応をおこします。一方，18族（貴ガス）は最外殻に空きがないため，ほとんど反応しません。

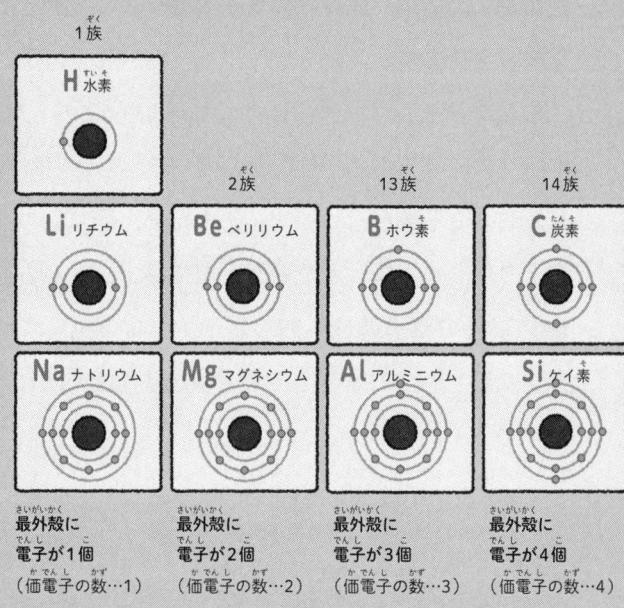

1族

H 水素

2族

Li リチウム

Be ベリリウム

13族

B ホウ素

14族

C 炭素

Na ナトリウム

Mg マグネシウム

Al アルミニウム

Si ケイ素

最外殻に
電子が1個
（価電子の数…1）

最外殻に
電子が2個
（価電子の数…2）

最外殻に
電子が3個
（価電子の数…3）

最外殻に
電子が4個
（価電子の数…4）

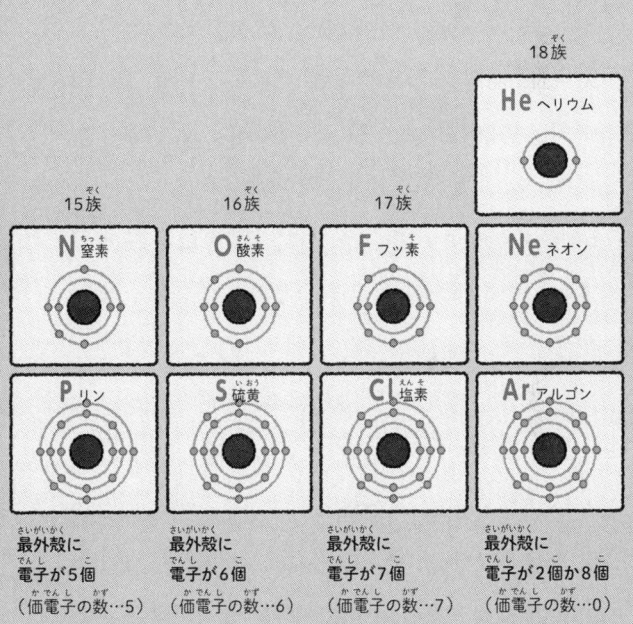

18族

He ヘリウム

15族　　　　　16族　　　　　17族

N 窒素　　　　O 酸素　　　　F フッ素　　　Ne ネオン

P リン　　　　S 硫黄　　　　Cl 塩素　　　Ar アルゴン

最外殻に　　　最外殻に　　　最外殻に　　　最外殻に
電子が5個　　電子が6個　　電子が7個　　電子が2個か8個
（価電子の数…5）（価電子の数…6）（価電子の数…7）（価電子の数…0）

63

8 ▶ 宇宙にある元素の 99.9％は，水素とヘリウム

原子番号が増すにつれ存在度が 小さくなる～～～～～

　周期表には，118の元素が並んでいます。この中で，自然界に多く存在するのは，どのような元素でしょうか？

　66 ～ 67 ページのグラフは，宇宙に存在する元素の原子の個数の割合を示したものです。横軸に原子番号，縦軸に存在度（相対的な個数）をとっています。縦軸の目盛りは10倍ずつ大きくなっているので，少しの上下でも実際には大幅なちがいがあります。このグラフから，主に二つのことが読みとれます。一つは，水素原子（H）とヘリウム原子（He）がずば抜けて多く，原子番号が増すにつれ存在度が小さくなることです。水素とヘリウムが占める割合は，実に99.9％にもお

よんでいます。

陽子の数が偶数のものは，
奇数のものより多く存在する

二つ目は，存在度がジグザグになっていることです。陽子の数が偶数のものは，となりあう奇数のものより多く存在しているのです。これは，陽子は2個でペアになっている方が安定しているため，半端な陽子がいると，原子は変化しやすくなるからだといいます。

　宇宙に存在する元素の量には，陽子の性質が影響をおよぼしているのです。

これらの関係は，イタリアの化学者ジュゼッペ・オッド（1865～1954）と，アメリカの物理化学者ウィリアム・ハーキンス（1873～1951）の二人によって発見されたので，「オッド・ハーキンスの法則」とよばれているペン。

8 存在度のグラフはジグザグ

このグラフは，宇宙の元素存在度です。各元素の存在度は，ケイ素原子（Si）の個数を10^6（100万）個としたときの，相対的な個数で示しています。

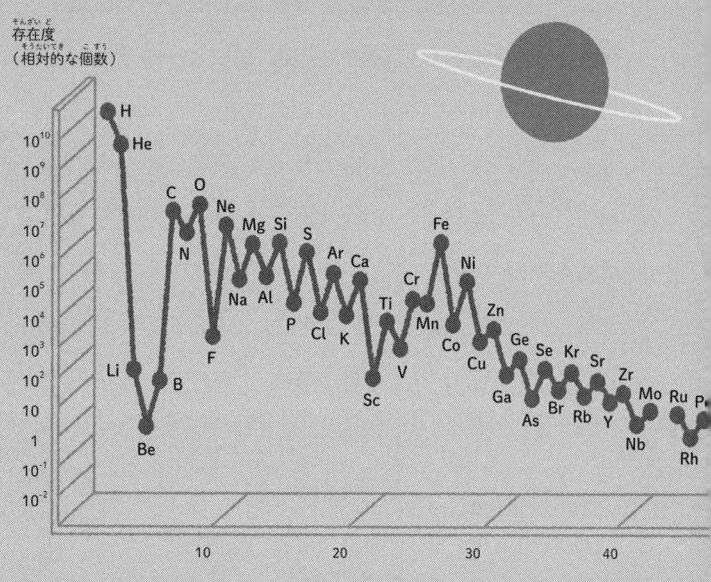

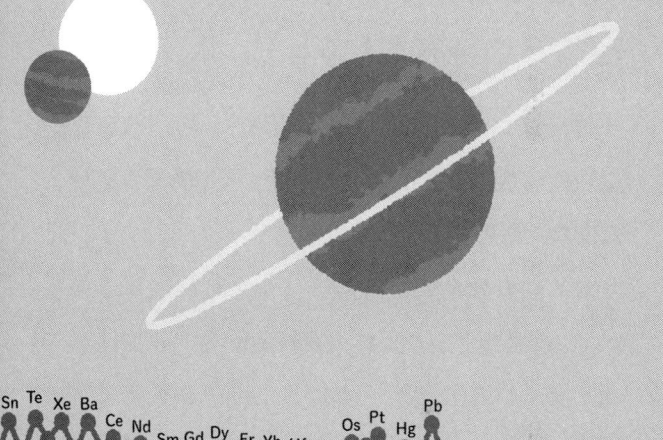

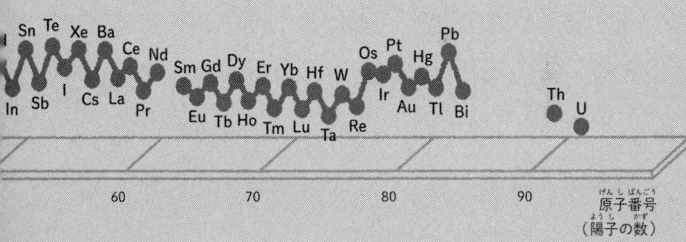

原子番号
（陽子の数）

67

新たな元素を
人工的につくりだせ！

93番目以降の元素は
自然界に存在しない

周期表にならんだ118の元素のうち，93番目以降の元素は自然界に存在せず，人工的につくりだされたものです。

人工的に元素を合成することを可能にするのが，「加速器」とよばれる実験装置です。加速器は，電子や陽子，原子核などの粒子を電気エネルギーで加速して，別の原子核に衝突させる装置です。加速器で原子核を加速し，原子核どうしを衝突，融合させることで，新たな元素をつくりだすことができるのです。

新元素と認定された113番元素, ニホニウム

2015年12月, 日本で発見された113番元素が, 新元素と認定されました。この113番元素は, 亜鉛（Zn）とビスマス（Bi）の原子核を衝突させることで, つくられたものです。発見者として認められた理化学研究所の森田浩介博士らの研究グループは, 合計3個の113番元素の合成に成功しています。

　これらの成果が認められ, 研究チームは, 新元素の認定を行っているIUPAC（国際純正・応用化学連合）によって発見者として認められ, 113番元素を「ニホニウム（Nh）」と命名することができました。

9 113番元素の合成

113番元素は，亜鉛とビスマスを衝突させることでつくられました。113番元素が存在できる時間はごくわずかで，すぐに崩壊して別の元素へと変わってしまいます。

亜鉛（Zn）　ビスマス（Bi）

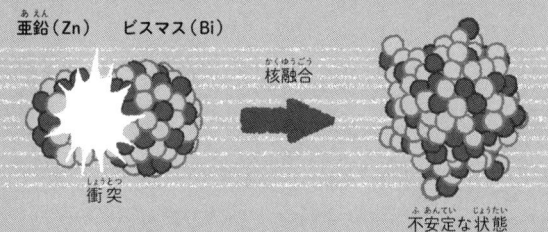

衝突

核融合

不安定な状態

新しい元素は，今も
ふえつづけているのね。

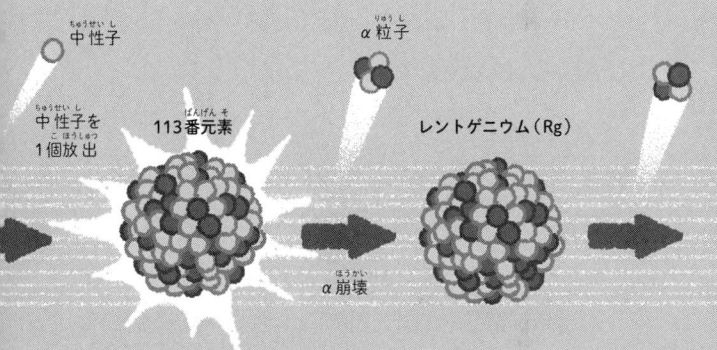

中性子

α粒子

中性子を
1個放出

113番元素

レントゲニウム（Rg）

α崩壊

地球は年々, 軽くなっている！

　地球には, 宇宙空間の塵が重力に引き寄せられて1年間に約4万トンもふりそそいできます。それでは, 地球はどんどん重くなっているのでしょうか？　実はその逆です。地球は毎年約5万トンずつ軽くなっているのです。

　その原因は, 原子番号の若い, 軽い元素たちです。水素原子（H, 原子番号1）二つでできた水素分子（H_2）や, ヘリウム原子（He, 原子番号2）は, 軽すぎて地球の重力で引きとめられず, 宇宙空間に逃げていってしまうのです。毎年地球から失われる量は, 水素約9万5000トン, ヘリウム約1600トンです。

　増加分と減少分を足し合わせると, 地球から毎年約5万トンの質量が減っていきます。ただし,

地球上の水素やヘリウムは十分な量があって，水素がなくなるまでには，あと数兆年かかるそうです。

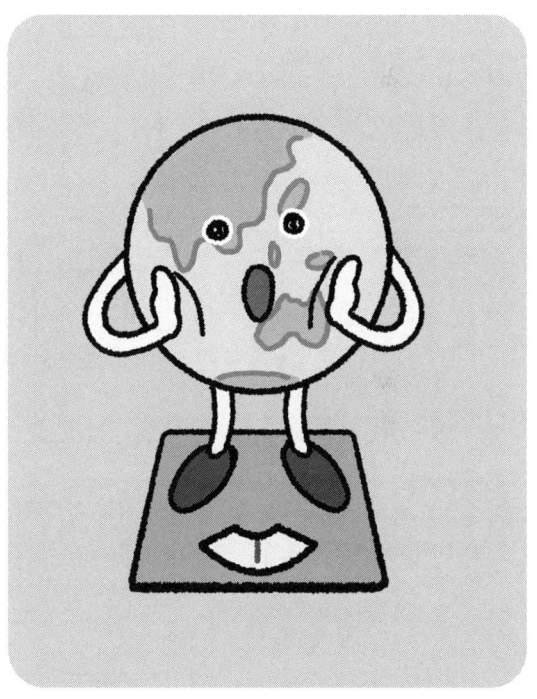

物理学者, アポガドロ

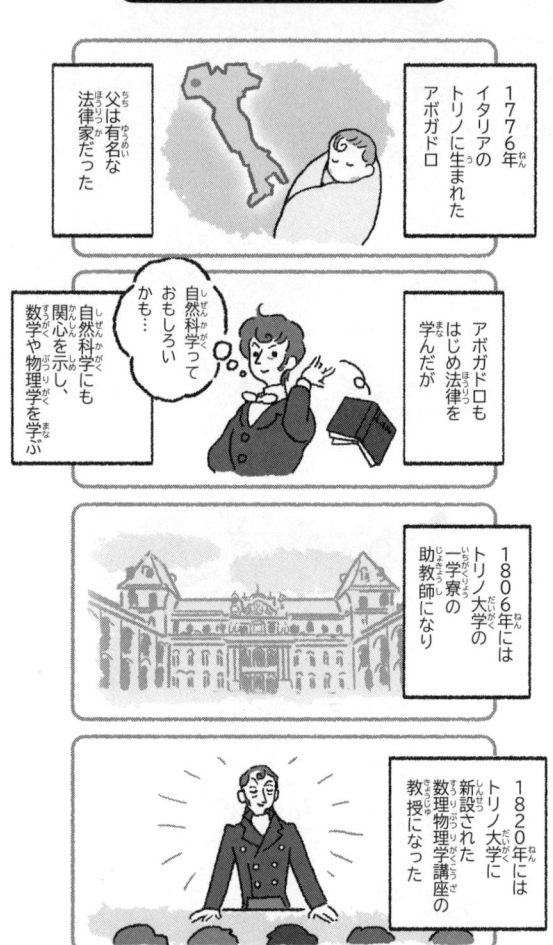

1776年イタリアのトリノに生まれたアポガドロ

父は有名な法律家だった

アポガドロもはじめ法律を学んだが

自然科学って おもしろいかも…

自然科学にも関心を示し, 数学や物理学を学ぶ

1806年にはトリノ大学の一学寮の助教師になり

1820年にはトリノ大学に新設された数理物理学講座の教授になった

74

アボガドロの法則を発表

電気、液体の熱膨張などアボガドロの研究は多方面にわたる

そして1811年には「アボガドロの法則」を発表

酸素 O₂ 水 H₂O

＝イコール！

「アボガドロの法則」は同体積のすべての気体は同温同圧のもとで同数の分子を含むという仮説

しかしアボガドロの研究成果は認められないまま1856年に死去

1860年国際化学者会議でアボガドロの研究に基づいた発表がなされ注目を浴びることに

のちに1モルの物質中の粒子数が測定される

6 × 10²³

アボガドロ定数

その値は「アボガドロ定数」とよばれている

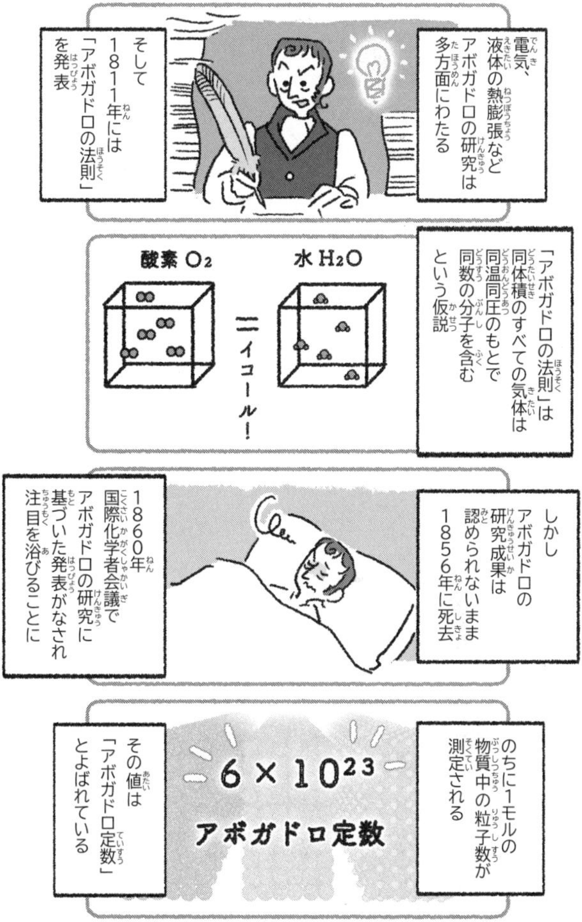

第2章

原子が結びついて物質ができる

身のまわりのあらゆる物質は，原子が結びついてできています。ここからは，原子がどのようにしてつながり，物質ができているのかをみていきましょう。

1 原子のつながり方には，3種類ある

電子を共有する「共有結合」

　私たちの身のまわりの物質は，たくさんの原子が結びついてできています。**原子どうしを結びつける結合には，「共有結合」「金属結合」「イオン結合」の3種類があります。**このページでは，簡単にこの3種類の結合について，紹介しましょう。

　「共有結合」は，原子間で電子を共有しあうことで結びつく結合です。原子は，最も外側の電子殻が埋めつくされた状態になると安定します。共有結合では，原子間で電子を共有することで，あたかも空席がないようにおぎなうのです。

　「金属結合」は金属原子を結びつけ，金属の結晶にする結合です。この結合は，金属原子のいちばん外側にある電子が複数の原子の間を自由

1 3種類の結合

原子の結合には,「共有結合」「金属結合」「イオン結合」の3種類があります。

共有結合

ダイヤモンドでは,一つの炭素原子が四つの炭素原子と電子を共有しています。

ダイヤモンド

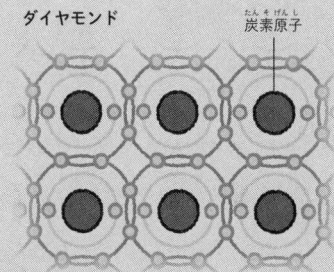

炭素原子

金属結合

最外殻の電子(自由電子)が複数の原子の間を動きまわっています。

金　自由電子　金原子

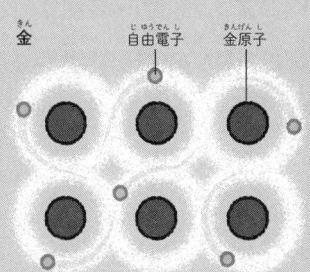

イオン結合

陽イオンと陰イオンが電気の力で引き合うことで,結びつきます。

ナトリウムイオン（Na⁺）　イオン結合　塩化物イオン（Cl⁻）

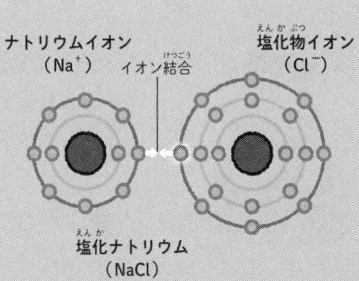

塩化ナトリウム（NaCl）

に動きまわることで結合しています。

陽イオンと陰イオンが引き合う「イオン結合」

　原子は電子を失ってプラスの電気をおびたり，逆に電子をもらってマイナスの電気をおびることがあります。プラスの電気をおびた原子を陽イオン，マイナスの電気を帯びた原子を陰イオンといいます。「イオン結合」とは，陽イオンと陰イオンが，電気的に引き合うことで結びついたものです。

イオン結合でできた物質の多くは，金属と非金属の化合物です。イオン結合で結びついた物質の身近な例は，塩です。

2 電子を共有して 強く結びつく「共有結合」

電子は原子核のまわりを動きまわっている

　2個の水素原子（H）が結びついて水素分子（H_2）になる反応を例に，共有結合についてくわしくみてみましょう。

　水素原子は，正の電気をおびた「原子核」（水素の場合は陽子のみ）のまわりを，負の電気をおびた1個の「電子」が動きまわってできています。電子が動きまわれる範囲を，「電子雲」といいます。

電子が複数の原子に共有されて安定な状態になる

　2個の水素原子が近づくと，最初は「ファン・デル・ワールス力」とよばれる弱い力で引き合います（くわしくは96ページ）。

　さらに水素原子が接近していくと，それぞれの水素原子の電子雲が重なるようになり，重なった電子雲の負の電荷がしだいに大きくなります。すると，正の電荷をおびている2個の原子核は，重なった電子雲と強く引き合うようになり，やがて1個の水素分子を形づくります。

　このように，電子が複数の原子に共有されて安定になった状態を「共有結合」といいます。

水素の原子が二つあるとき，もっている電子を一つずつ出し合って共有すれば，見かけ上はどちらの原子も電子を二つもっている状態になるということね。

2 水素原子から水素分子へ

二つの水素原子が接近すると，それぞれの電子雲が重なるようになります。やがて2個の電子は2個の原子核の周囲を動きまわりはじめ，1個の水素分子となります。

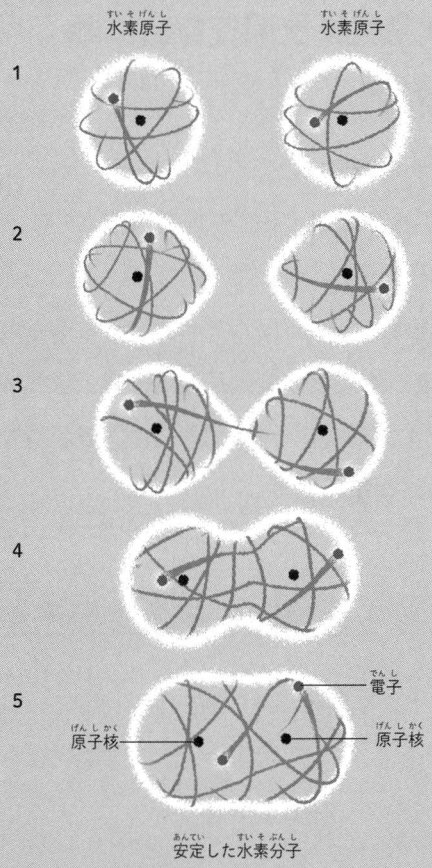

水素原子　　　水素原子

1

2

3

4

5　　　　　　　　　　　　　電子

原子核　　　　　　　　原子核

安定した水素分子

自由に動きまわる電子が原子を結びつける「金属結合」

複数の金属原子間を自由に動く「自由電子」

　次に金属結合について，くわしくみてみましょう。金属結合とは，多数の金属原子が「自由電子」によって結びつく結合です。自由電子とは，文字通り複数の金属原子間を自由に動く電子のことです。金属結合では，原子の電子殻が重なり合うことによって，すべての原子の電子殻がつながった状態になります。

動きまわる自由電子が金属原子を結びつける

　自由電子は，結晶中でつながった電子殻を伝って金属全体を自由に動きまわります。それによ

3 金属を結びつける自由電子

イラストは，金属原子の電子殻が重なりあって，つながったようすを模式的にえがいたものです。自由電子はつながった電子殻を伝って自由に原子間を移動できます。この自由電子によって，金属特有のさまざまな性質があらわれます。

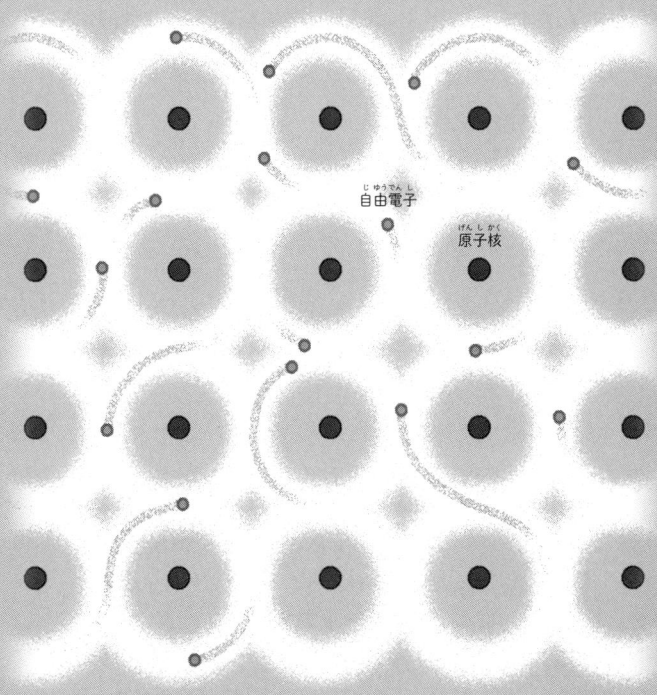

自由電子

原子核

って，ばらばらになろうとする金属原子を結びつけるのです。

自由電子の存在によって，金属は特有の性質をもつようになります。たとえば，金属にはたたかれてものびる性質があります。原子の世界で考えてみましょう。金属をたたくと，原子どうしの位置がずれます。しかしすぐに自由電子が移動するので，原子がずれても原子どうしは結合した状態を保てるのです。

金づちなどで金属をたたいたときは，力が加わることで複数の原子がずれていき，変形するペン。金属は，自由電子の存在によって，砕けるのではなく，のびることができるんだペン。

4 電気的に引き合うことで結びつく「イオン結合」

ナトリウムが電子を一つ塩素に渡す

　最後にイオン結合についてみてみましょう。私たちの日常においても，原子はほかの原子に電子を渡したり，もらったりすることでイオンとなって存在しています。

　たとえば，身近な例の一つが食塩（塩化ナトリウム，NaCl）です。食塩は，「ナトリウムイオン（Na^+）」と「塩化物イオン（Cl^-）」からできています。

　ナトリウム原子（Na）を見てみると，最も外側の電子殻に電子が1個だけあります。塩素原子（Cl）を見てみると，最も外側の電子殻に電子が7個しかなく，席が一つ空いています。最も外側の電子殻がすべて埋まった状態が安定なため，

二つの原子が近づくと，ナトリウムが電子を一つ塩素に渡すのです。

プラスとマイナスの電荷で引き合う

　ナトリウム原子は電子（マイナス）を一つ失うため，全体としてプラスをおびた陽イオンになります。それに対して塩素原子は電子（マイナス）を一つもらうので，全体としてマイナスをおびた陰イオンになります。

　陽イオンと陰イオンは，それぞれがもつプラスとマイナスの電荷で引き合い，結びつきます。この結びつきが「イオン結合」です。

ナトリウムイオンと塩化物イオンが引き合って結びついて，塩ができているのね。

4 イオン結合で結びついた塩

食塩（塩化ナトリウム）は，塩化物イオンとナトリウムイオンからできています。それぞれがもつプラスとマイナスの電荷で引き合い，「イオン結合」で結びついています。なお，イラストの原子核の中の数字は，原子番号です。

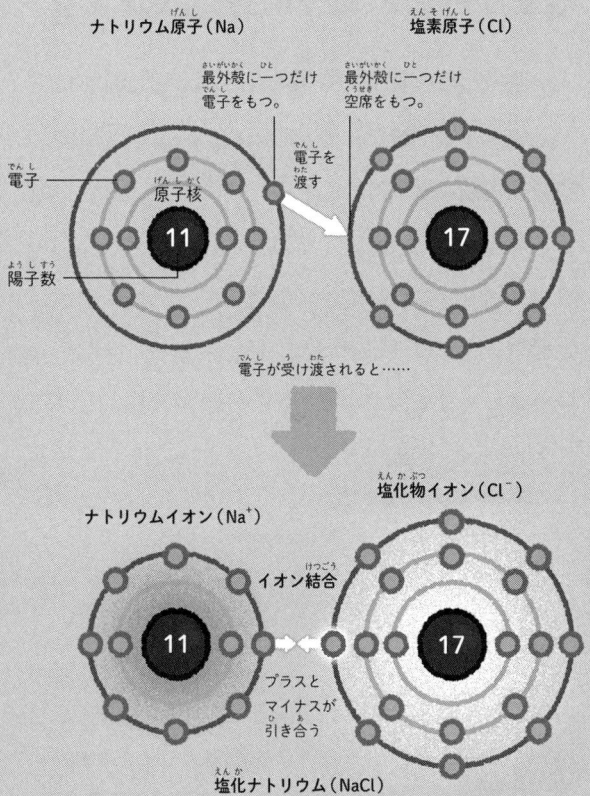

ナトリウム原子（Na）

塩素原子（Cl）

最外殻に一つだけ電子をもつ。

最外殻に一つだけ空席をもつ。

電子を渡す

電子

原子核

陽子数

電子が受け渡されると……

ナトリウムイオン（Na⁺）

塩化物イオン（Cl⁻）

イオン結合

プラスとマイナスが引き合う

塩化ナトリウム（NaCl）

水分子は「水素結合」で結びついている

電子が一方の原子の方へかたよる

水や氷の中では，水分子どうしがたがいにプラスとマイナスの引力によってゆるく結びついています。これを水分子の「水素結合」といいます。高い沸点をもつ，氷が水に浮くなどの水の特徴は，この水素結合の影響です。水素結合はなぜできるのでしょうか。

コップいっぱいに入れた水が表面張力でもりあがるのも，水素結合のおかげなのです。

5 水分子と水素結合

液体の水では，水分子がほかの水分子と水素結合をつくったり，
切ったりしながら，たえず動いています。

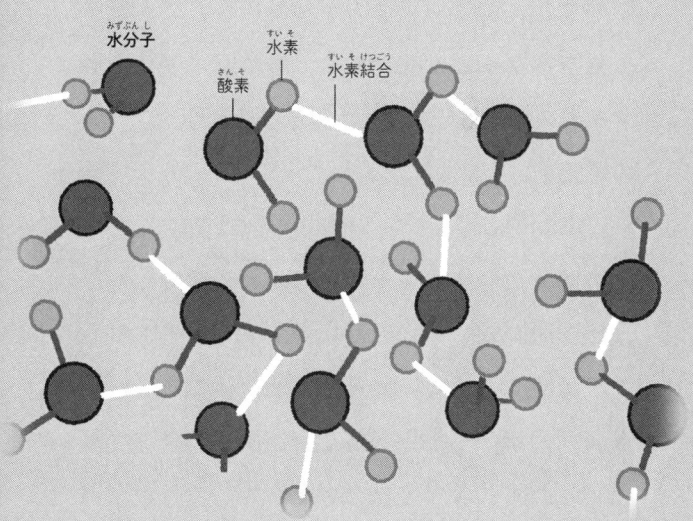

水分子

酸素

水素

水素結合

酸素原子はマイナス，
水素原子はプラスの電気をおびる

　　水分子（H_2O）は，一つの酸素原子（O）と二つの水素原子（H）が共有結合したものです。この両者では，酸素原子の方が水素原子よりも電子を引き寄せる力が強いため，酸素原子側はややマイナスの電気をおび，水素原子側はややプラスの電気をおびます。

　　このように，ことなる種類の原子が結合した場合には，共有する電子が一方の原子の方へかたより，わずかにプラスとマイナスの電荷をおびることがあるのです。水分子の集合体である水や氷では，水分子どうしがたがいにプラスとマイナスの引力によって結びつきます。これが水素結合の正体です。

memo

氷が水に浮くのはなぜ？

博士！　ファミリーレストランで飲む水には，いつも氷が浮いています。氷はどうして水に浮くんですか？

氷は水よりもすき間の多い構造になっているんじゃ。すき間が多いから，同じ体積でくらべたとき，氷の方が水よりも軽くなる。それで，氷は水に浮かぶんじゃよ。

なるほど！　すき間の多い構造ってどんな形なんですか？

氷は，水分子が六角形にきれいに並んだ構造をしておる。これは，酸素原子と水素原子が引きつけ合う水素結合のおかげなんじゃ。

水以外の物質は，どうなんですか？

一般的にいうと，物質は液体よりも固体の方がすき間が少なくて重くなるから，固体は液体に沈むんじゃ。まあ，水は数少ない例外じゃな。

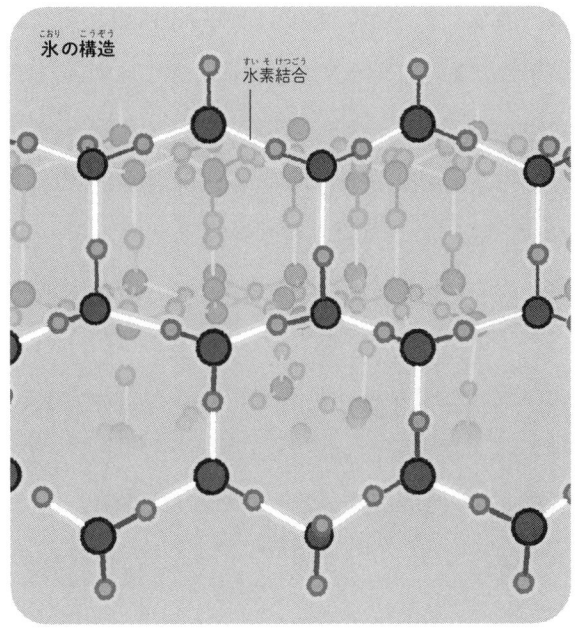

氷の構造

水素結合

謎の引力
「ファン・デル・ワールス力」

二酸化炭素がドライアイスになるのはなぜ？

　水蒸気は，冷えると水や氷になります。これは，冷えて動きが弱まった水分子（H_2O）が，電気のかたよりによって電気的に引きつけ合い，集まるからです。

　一方，水素分子（H_2）や二酸化炭素分子（CO_2）など，電気のかたよりがないようにみえる分子も，冷やせば分子どうしが集まって，液体水素やドライアイスになります。このときにはたらく引力は何なのでしょうか？　この「どんな分子にもはたらく謎の引力」が，「ファン・デル・ワールス力」という力です。オランダの物理学者，ファン・デル・ワールス（1837〜1923）が言及しました。

6 ファン・デル・ワールス力

ファン・デル・ワールス力の発生原因は，主に電気のかたより
です。瞬間的に電気がかたよる結果，ファン・デル・ワールス
力がはたらき，分子どうしがおたがいに引き合います。

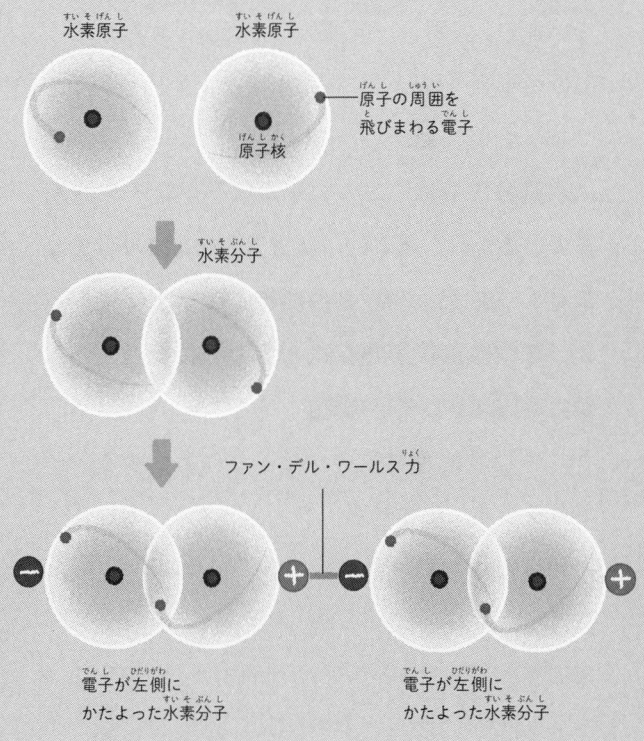

水素原子

水素原子

原子の周囲を
飛びまわる電子

原子核

水素分子

ファン・デル・ワールス力

電子が左側に
かたよった水素分子

電子が左側に
かたよった水素分子

ファン・デル・ワールス力は，電気のかたより

　現在では，ファン・デル・ワールス力の発生原因は，主に電気のかたよりであることがわかっています。では，一見電気のかたよりがなさそうにみえる分子のどこに，電気のかたよりがあるのでしょうか。

　水素分子では，二つの水素原子が電子を共有しているため，基本的には電気のかたよりはありません。しかし，ある瞬間に時間を止めてみると，二つの電子が左側にかたよったり，右側にかたよったりしています。

　この瞬間的な電気のかたよりはあらゆる分子でおきます。その結果，ファン・デル・ワールス力がはたらくのです。

7 物質は，気体・液体・固体に変化する

空気中では，気体分子が猛烈な速さで飛んでいる

　物質は一般に，温度が高い方から順に，「気体」「液体」「固体」の三つの状態（物質の三態）をとります。

　気体は，分子が猛烈な速さで飛んでいる状態です。分子自体が回転したり振動したりもしています。分子の密度にもよりますが，気体の分子どうしは頻繁に衝突をくりかえしています。目の前の空気中では，酸素分子や窒素分子が秒速数百メートルで飛びかい，たがいに衝突をくりかえしているのです。

99

固体になると，
分子は自由に移動できない

　原子や分子どうしは適度に近づくと，たがいに引力をおよぼし合います。気体の温度が下がる，つまり分子の速さが遅くなってくると，分子どうしが近づいたとき，引力によって集まるようになります。こうして分子が集まったものが液体です。ただし液体では，分子どうしはまだ自由に移動できます。分子自体が回転したり，のびちぢみしたりしているのは気体と同じです。

　温度がさらに下がると，引力がまさって分子は自由に移動できなくなり，1か所にとどまるようになります。これが固体です。ただし固体でも，原子や分子は静止してはいません。原子や分子は，つねにその場で振動しているのです。

7 物質の三つの状態

気体は，分子が猛烈な速さで飛んでいる状態です。気体の温度が下がり，分子どうしが引力によって集まったものが液体です。温度がさらに下がると，引力がまさって分子は自由に移動できなくなり固体になります。

気体
原子や分子が自由に
飛びかっている状態

固体
原子や分子がその場で
振動している状態

昇華

凝集（昇華）

融解

凝固　凝結

蒸発

液体
原子や分子が集まり，
自由に動ける状態

8 宝石や鉄は，原子が整列した結晶だった

原子や分子が規則的に並ぶ「単結晶」

固体を原子のレベルでみると，多くは原子や分子などが規則的な並び方をくりかえしています。

これを，「結晶」といいます。

たとえば宝石などとして使われる水晶は，基本的に透明で，きれいな六角柱をしています。このように水晶がいつも規則正しい形をしているのは，結晶内での原子や分子が，結晶全体にわたって規則正しく並んでいるからです。このように，固体がひとつづきの結晶であるものを「単結晶」とよびます。単結晶を構成する原子や分子をつなぐ化学結合には，「イオン結合」「金属結合」「共有結合」「分子間力」があります。

「単結晶」が集合した「多結晶」

実際の固体の多くは，小さな単結晶が集まってできています。このように，単結晶が集合したものを「多結晶」といいます。

方解石が集合してできた大理石も，長石や雲母，石英（水晶）などの集合体である花崗岩も，多結晶です。普通，単結晶と思われている鉄や銅などの金属も，小さな単結晶が集合した多結晶でできています。

固体の中には，結晶でない「アモルファス（非晶質）」という物質もあるペン。ガラスはアモルファスの典型だペン。

8 単結晶の原子構造
たんけっしょう げんし こうぞう

ダイヤモンドや食塩（塩化ナトリウム，NaCl），金の固体は，
原子や分子が規則的に並んだ結晶でできています。

共有結合による結晶

ダイヤモンド

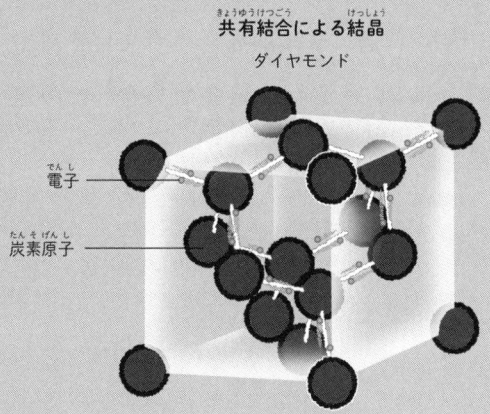

電子

炭素原子

イオン結合による結晶
塩化ナトリウム

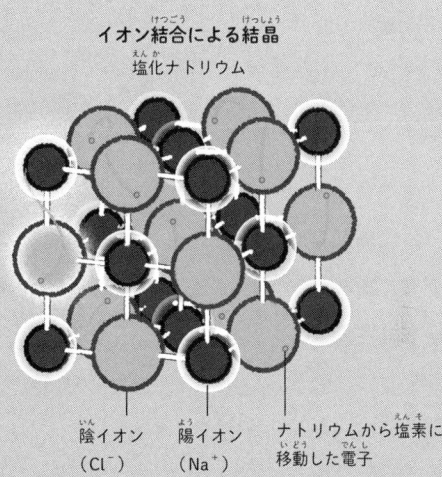

陰イオン
(Cl⁻)

陽イオン
(Na⁺)

ナトリウムから塩素に
移動した電子

金属結合による結晶
金

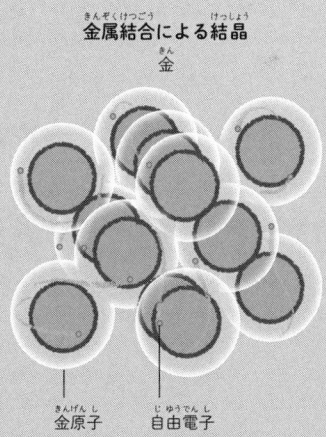

金原子

自由電子

ヤモリの ファン・デル・ワールス力

　トカゲの仲間，ヤモリ。垂直な壁をよじ登ったり，逆さになって天井を歩いたりすることができます。**ヤモリが落ちずに壁にはりつけるのは，「ファン・デル・ワールス力」のおかげです。**ファン・デル・ワールス力とは，近くにある原子どうしが，電気的な作用で引きつけ合う力です（96ページ）。

　ヤモリの足の裏には非常に細い「繊毛」という毛が生えています。さらに繊毛の先端には，「スパチュラ」といわれる毛が生えています。スパチュラの太さは数ナノメートル（1ナノメートルは100万分の1ミリメートル）ほどです。**このスパチュラが，壁の細かな凹凸にはまることで，スパチュラと壁の原子がすぐ近くまで接近します。**その結果，スパチュラと壁の間でファン・デル・ワールス力が発生するのです。

1本のスパチュラにはたらくファン・デル・ワールス力は，微々たるものです。しかし，ヤモリの足には約20億のスパチュラがあり，それぞれにはたらくファン・デル・ワールス力が足し合わさることで，体を支えることができるのです。

物理学者，ファン・デル・ワールス

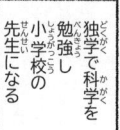

1837年オランダのライデンに生まれたファン・デル・ワールス

独学で科学を勉強し小学校の先生になる

ラテン語、無理…！

ライデン大学で物理学を聴講するが

ラテン語やギリシャ語は大の苦手だった

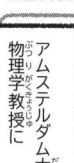

その後、中学校の先生になり……

校長先生をしながら物理学の研究を続け

論文「気体と液体の連続性について」で博士の学位を取得

アムステルダム大学の物理学教授に

分子間の引力を発見

$$\left(P + \frac{an^2}{V^2}\right)(V-bn) = nRT$$

ファン・デル・ワールスは液体や気体を調べるための「状態方程式」を提唱

水素ガス

水素は液体になるんだ！

当時、永久気体とよばれていた水素、ヘリウムなどの液化を可能に

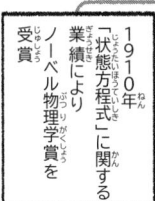

さらに分子間の引力を発見

1910年「状態方程式」に関する業績によりノーベル物理学賞を受賞

物理学に生涯を捧げ1923年に死去した

原子・分子間にはたらく弱い力は彼にちなみ「ファン・デル・ワールス力」と名づけられている

第3章

身のまわりに
あふれるイオン

電池の中でおきる反応や，鉄がさびる反応
など，身近な化学反応の多くには，「イオ
ン」がかかわっています。第3章では，イ
オンとはどういうものなのかをみていきま
しょう。

1 「イオン」とは，電気を流すと動く粒子

電気によって，水が水素と酸素に分解された

　ここからは，「イオン」についてみていきます。イオンは1834年にイギリスで，マイケル・ファラデー（1791～1867）によって命名されました。

ことのはじまりは，1800年に入り，イタリアの科学者のアレッサンドロ・ボルタ（1745～1827）が，はじめて電池を発表したことです。発表と同じ年，電池の両端につないだ針金を水にひたすと，それぞれの針金から気体の酸素と水素が発生することがわかりました。

1 ファラデーが考えたイオン

ファラデーは，水に電気を流すと，物質が二つに分かれて，電極に向かって動くと考えました。ファラデーは，この電極に向かって動く物質をイオンと名づけました。

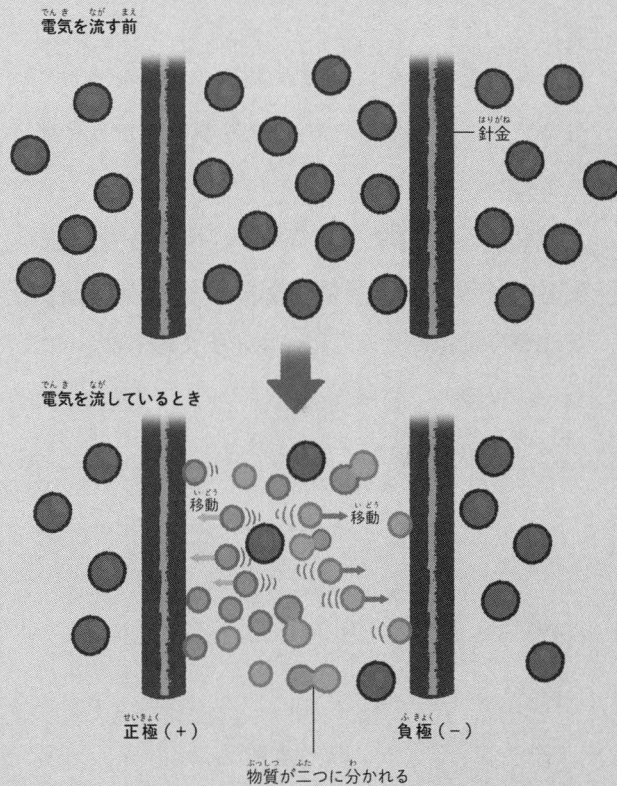

電気を流す前

針金

電気を流しているとき

移動　　移動

正極（＋）　　　　　　　　　負極（−）

物質が二つに分かれる

"行く"にちなんで「イオン（ion）」と名づけた

　当時，電気は未知の現象でした。そこでファラデーは，厳密な実験を行うことで，電気の性質を次々と明らかにしました。そしてファラデーは，電気を流すと，物質は電気の影響を受けて分解され，分解された物質が電極に向かうと考えました。

　電極に引き寄せられるように向かう物質を，ギリシャ語の"行く"にちなんで「イオン（ion）」と名づけました。さらに，マイナス極（負極）に"行く"物質を「陽イオン」，プラス極（正極）に"行く"物質を「陰イオン」としました。

ファラデーは「ロウソクの科学」という本で有名だね！

114

2 原子とイオンのちがいは，電子の数にある

イオンは，陽子と電子の数が一致しない

　20世紀に入り，原子の構造が明らかになりました。原子は「陽子」と「中性子」からなる原子核と，電子からなっています。この発見によって，イオンの正体も明らかになりました。

　すべての原子は，陽子と電子の数が同じです。しかしある原子では，電子が11個なければいけないのに，イオンでは電子が10個しかありませんでした。そしてある原子では，電子が7個なければいけないのに，イオンでは電子が8個もありました。**イオンでは，陽子と電子の数が一致しないのです。**

陽子の数が多い陽イオン, 電子の数が多い陰イオン

　陽子はプラスの電気（電荷）をもち, 電子はマイナスの電気（電荷）をもっています。そのため, プラスの電荷をもつ陽子の数がマイナスの電荷をもつ電子の数よりも多いと, イオン全体がプラスの電荷をおびます。これが「陽イオン」の正体です。逆に, 電子の数が陽子の数よりも多いと, イオン全体がマイナスの電荷をおびます。これが「陰イオン」です。

たとえば, 酸素原子は陽子を8個, 電子を8個もっています。それに対して, 酸素イオンは陽子を8個, 電子を10個もっています。電子が2個多いことから, 酸素イオン全体でマイナスの電荷をもっていることになります。この場合, 電子が2個多いので, 「2価の陰イオン」と表現します。

2 原子とイオン

原子とイオンを比較してみましょう。原子やイオンの構造と，それぞれの陽子と電子の数を示しました。原子は，陽子と電子を同じ数もっています。しかしイオンでは，陽子と電子の数が同じではありません。

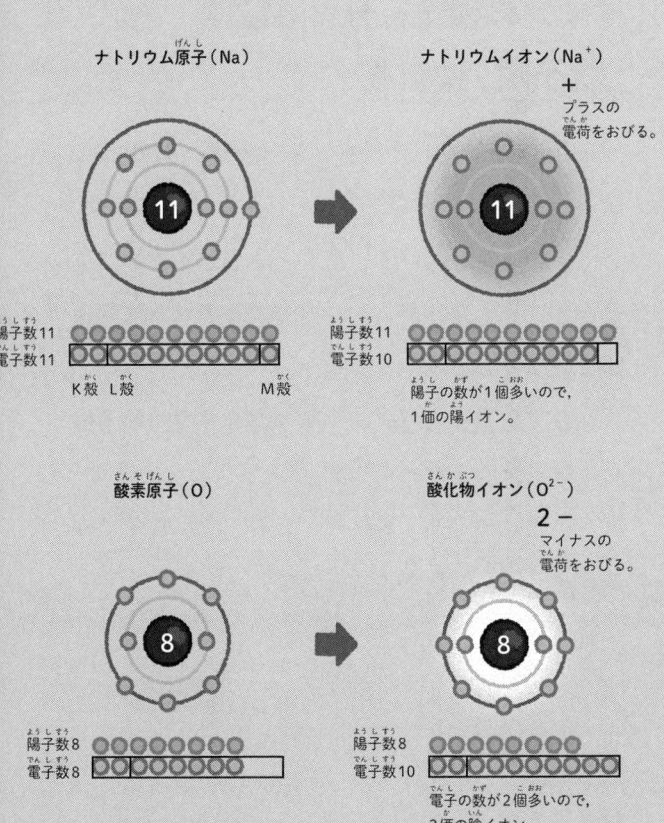

ナトリウム原子（Na）

ナトリウムイオン（Na⁺）

$+$
プラスの電荷をおびる。

陽子数11
電子数11

K殻 L殻 M殻

陽子数11
電子数10

陽子の数が1個多いので，1価の陽イオン。

酸素原子（O）

酸化物イオン（O²⁻）

$2-$
マイナスの電荷をおびる。

陽子数8
電子数8

陽子数8
電子数10

電子の数が2個多いので，2価の陰イオン。

117

3 ▶ 電子の"空席"の数で，どんなイオンになるかが決まる

イオンの種類を分ける鍵は「電子殻」にある

120 〜 121 ページのイラストでは，周期表にならぶ元素について，それぞれ上に原子の構造，下にイオンをえがいています。原子がイオンになるとき，電子の数がいくつ増減するのか，法則性はないのでしょうか。

そこで重要になるのが「電子殻」です。電子殻には電子が座るための"席"が用意されています。最も外側の電子殻（最外殻）にある席が電子で埋まると，安定な状態になります。

空席の数で，電子がいくつ増減するのかが決まる

　たとえば，フッ素原子は最外殻の空席が一つしかありません。そのため，電子が1個ふえて陰イオンになれば空席が埋まり安定します。一方，リチウム原子は最外殻に1個だけ電子が埋まり，残り7個は空席です。そのため電子を1個失って，陽イオンになると安定します。

　原子は，最外殻の空席の数によって，電子がいくつ増減してイオンになるのかが決まるのです。周期表の縦の列は，最外殻にある空席の数がほぼ同じであるため，イオンになるとき，電子の増減する数がおおよそ同じになります。

いちばん原子核に近い電子殻が「K殻」，2番目に原子核に近い電子殻が「L殻」，3番目に原子核に近い電子殻が「M殻」だペン。

119

3 周期表とイオン

原子は，最外殻の空席がなくなるように，電子を失ったり，獲得したりして，イオンになります。イオンになるときに獲得したり，失ったりする電子を白い光で示しました。

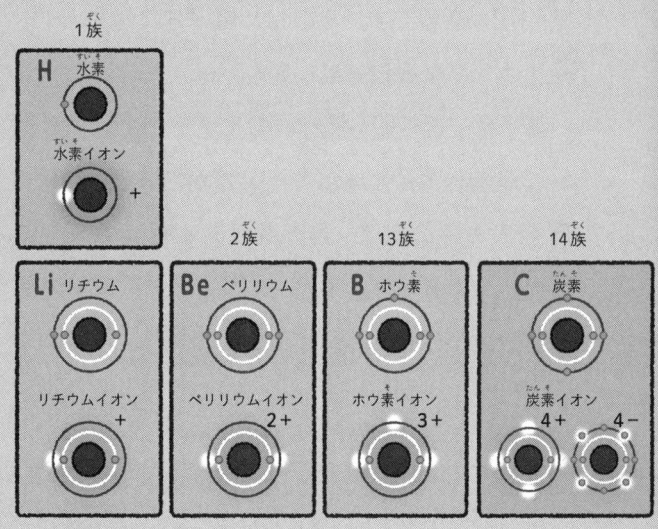

1族
H 水素
水素イオン +

2族
Li リチウム
リチウムイオン +

Be ベリリウム
ベリリウムイオン 2+

13族
B ホウ素
ホウ素イオン 3+

14族
C 炭素
炭素イオン 4+ 4−

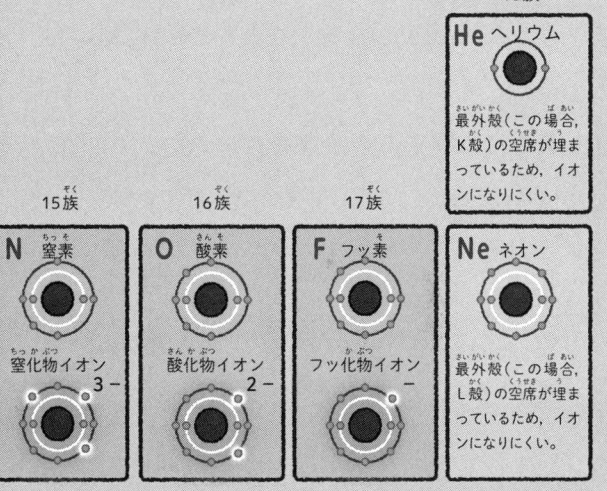

18族

He ヘリウム

最外殻（この場合,
K殻）の空席が埋ま
っているため, イオ
ンになりにくい。

15族

N 窒素

窒化物イオン 3−

16族

O 酸素

酸化物イオン 2−

17族

F フッ素

フッ化物イオン −

Ne ネオン

最外殻（この場合,
L殻）の空席が埋ま
っているため, イオ
ンになりにくい。

水分子が連れ去ることで
結晶が溶けていく

水に入れると，結合していた
イオンが分かれる

　87 〜 89 ページで紹介したように，食塩（塩化ナトリウム，NaCl）は，ナトリウムイオン（Na^+）と塩化物イオン（Cl^-）がイオン結合でくっつき合ったものです。この食塩を水に入れると，はじめは目に見えていた粒が徐々に溶けていき，最終的には見えなくなります。このとき，水の中では何がおきているのでしょうか。

　物質が水に溶ける現象は，物質が水分子と均一に混ざることでおきます。食塩を水に入れると，結合していた2種類のイオンがばらばらに分かれて，水と混ざり合うのです。

4 食塩はイオンに分かれて溶ける

食塩（塩化ナトリウム）が水に溶けるようすをえがきました。
塩化物イオンとナトリウムイオンが，水分子によってばらばら
にされていきます。塩化物イオンは，水分子のプラス部分
（δ＋）に囲まれ（A），ナトリウムイオンは水分子のマイナス部
分（δ－）に囲まれ（B），水分子とまざり溶けていきます。

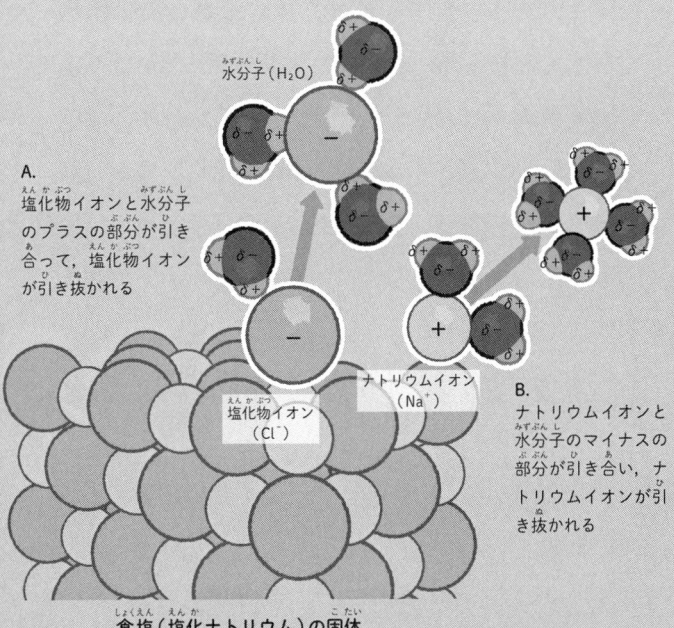

水分子（H₂O）

A.
塩化物イオンと水分子
のプラスの部分が引き
合って，塩化物イオン
が引き抜かれる

塩化物イオン
（Cl⁻）

ナトリウムイオン
（Na⁺）

B.
ナトリウムイオンと
水分子のマイナスの
部分が引き合い，ナ
トリウムイオンが引
き抜かれる

食塩（塩化ナトリウム）の固体

Na⁺のイオン半径は0.102nm，Cl⁻のイオン半径は0.181 nmです。nmは，長さの単位で，
1nmは10⁻⁹m（メートル）です。図から，二つのイオンの大きさの関係がわかります。

水分子が取り囲み，
イオンを引き抜く

なぜイオンが分かれるのでしょうか？　それ は，水の「極性」という性質によっています。1 個の水分子には，弱いプラスをもつ部分と弱いマ イナスをもつ部分があります。そのため，食塩 を水に入れると，水分子のマイナス部分がプラス の電荷をもつナトリウムイオンと，水分子のプラ ス部分がマイナスの電荷をもつ塩化物イオンと引 き合います。そしていくつもの水分子がイオンを 取り囲むことで，食塩の固体からイオンを引き 抜いていくのです。

食塩のように，水中でイオンに分かれる物質 のことを「電解質」といいます。逆に，水中でイ オンに分かれない物質のことを「非電解質」とい います。

5 魚に塩を振るのは, くさみをぬくため

魚の細胞膜は, 食塩は通さないが水は通す

　焼き魚を調理するときには, 魚に食塩を振ります。これは味つけのためだけではありません。魚に食塩を振ると, 身の表面に濃い食塩水の層ができます。**魚の細胞をおおう膜(細胞膜)は, 食塩(塩化ナトリウム, NaCl)は通しませんが, 水(H_2O)は通します。** このような膜のことを,「半透膜」といいます。

　水分子は半透膜を通りぬけられますが, 食塩などがたくさん溶けているところでは, 水分子が動きにくくなり, 半透膜を通りぬける水分子が減ってしまいます。そのため, 食塩水から魚の細胞へは, 食塩が移動しないだけでなく, 水分子も移動しにくくなってしまいます。一方で, 魚

の細胞から食塩水へは，水分子がどんどん移動
していきます。

半透膜があると，
水は塩分の濃い側へ移動する

　こうして一般に，塩分濃度のことなる水の間
に半透膜（この例では細胞膜）があると，水は塩
分の濃い側へ移動していきます。そのため，生
魚に食塩を振ると表面に水がしみでてきます。
水がしみでることで，魚の身はしまり，水とい
っしょにくさみの成分も出ていきます。
　このように半透膜を介して水を移動させる圧
力のことを「浸透圧」とよんでいます。

魚のくさみは，トリメチルアミン
というアミン類などの化合物に
よるものなんだって。

5 食塩を振った魚の表面

魚に食塩を振ったときのようすです。魚の表面では，ナトリウムイオンと塩化物イオンが，水分子をまとって大きな構造になります。食塩水から魚の細胞へは，水分子が移動しづらくなります。一方，魚の細胞からはどんどん水が外へ移動します。

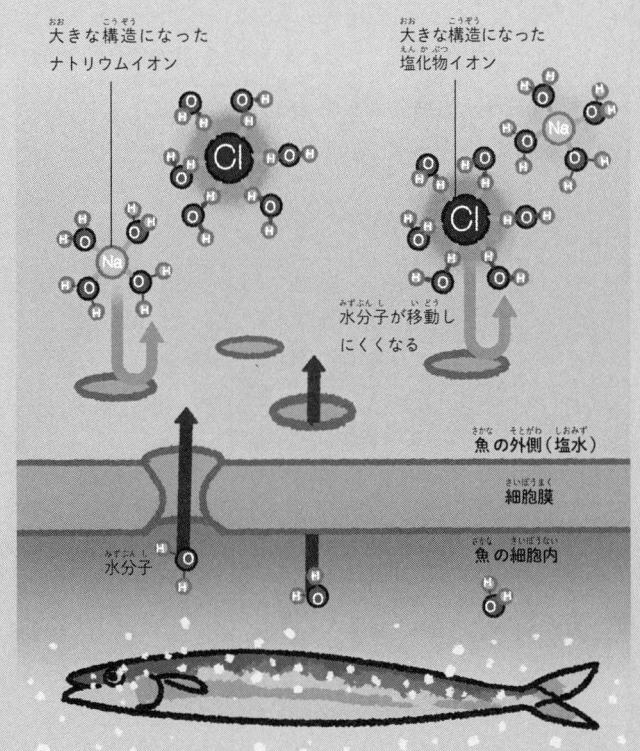

大きな構造になった
ナトリウムイオン

大きな構造になった
塩化物イオン

水分子が移動し
にくくなる

魚の外側（塩水）

細胞膜

水分子

魚の細胞内

世界一臭い食べ物とは

　スウェーデンには，「シュールストレミング」というニシンの塩漬けを発酵させた缶詰があります。これは，世界一臭いといわれる食品です！　その臭さは，納豆の18倍ともいわれます。ちなみにスウェーデン語で「シュール」は「酸っぱい」，「ストレミング」はバルト海の「ニシン」を意味するそうです。

　このシュールストレミング，発酵が進みすぎると，発生する気体によって缶が膨張することもあります。常温で保存すると，爆発することもあるようです。また開缶時に汁が噴き出すこともあるので，缶を開けるときには汁が飛び散らないように十分注意して開けなければなりません。

　本場では，「トゥンブレッド」という薄いパンに，

ゆでてスライスしたポテト，赤タマネギのみじん切り，ゴートチーズやサワークリーム，バターなどと一緒に巻いて食べます。臭いは強烈ですが，味はアンチョビに似ておいしいそうです。

酸味や苦味は，イオンが生みだしていた！

酸味のある「酸」

　レモンがすっぱく感じるのは，クエン酸という「酸」が含まれているためです。酸とは，水に溶けたときに，「水素イオン（H⁺）」を放出（解離）する物質です。

　酸に酸味があるのは，酸から生じた水素イオンが，舌の味覚センサーを刺激するためです。たとえば，塩化水素（HCl）を水に溶かすと，水素イオン（H⁺）と塩化物イオン（Cl⁻）が生じ，水溶液は強い酸性を示します。

苦味のある「塩基」

「塩基」は，苦味があり，酸と反応する物質です。塩基のうち，水に溶ける物質をとくに「アルカリ」ともよびます。

塩基を水に溶かすと，「水酸化物イオン（OH⁻）」が生じます。塩基の水溶液の性質は，この水酸化物イオンがもたらすのです。たとえばアンモニアを水に溶かすと，水分子が水素イオンを1個失い，水酸化物イオンが生じます。こうして，水溶液は塩基性を示します。

酸と塩基が反応すると，「塩」と水が生じます。これを「中和」といいます。中和によって，酸性・塩基性は打ち消されます。

水に溶けた際に，ほぼすべての分子から水素イオンが解離する酸を「強酸」といいます。塩酸や硫酸は強酸です。これに対して，酢酸やクエン酸のような「弱酸」は，一部の分子からしか水素イオンが解離しません。

6 酸と塩基

酸は，水に溶かしたときに水素イオンを生じ，塩基（アルカリ）は，水に溶かしたときに水酸化物イオンを生じます。

酸

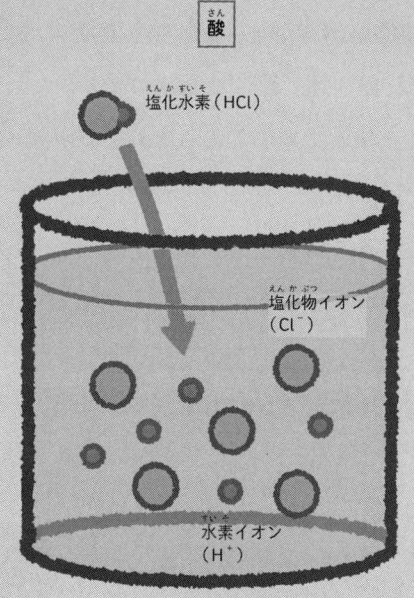

塩化水素（HCl）

塩化物イオン
（Cl⁻）

水素イオン
（H⁺）

酸は水素イオンを生じる

アンモニアを水に溶かすと，水分子から水素イオンを引き抜いて，水酸化物イオンが発生するペン。

塩基（アルカリ）

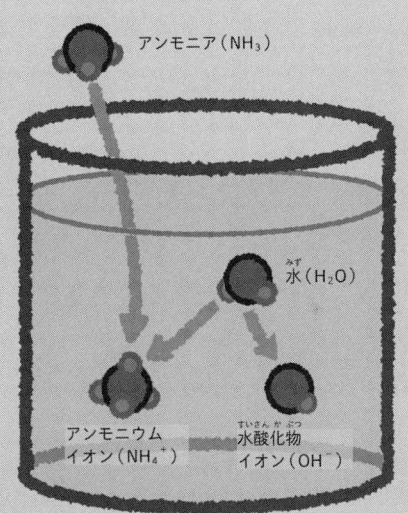

アンモニア（NH₃）

水（H₂O）

アンモニウムイオン（NH₄⁺）

水酸化物イオン（OH⁻）

塩基は水酸化物イオンを生じる

133

7 金属のサビは、酸素がつくっていた

金属のサビには、「酸化」がかかわっている

　私たちのまわりにある身近な金属のサビは、すべて「酸化」という現象がかかわっています。酸化とはなんでしょうか？

　私たちのまわりでおきる酸化の多くは、物質が「酸素原子と結合すること」を指します。たとえば、酸素ガス（O_2）中で銅（Cu）を加熱すると、酸化銅（CuO）になります。

鉄の酸化反応は、身近な多くの場面でおきていて、インスタントカイロは、鉄を急激に酸化させることで発生する熱を利用しているそうよ。

134

酸化鉄が赤サビの正体

　私たちの身近でおきるサビでは，もう少し複雑な反応がおきています。鉄に雨など水が付着すると，まず鉄イオン（Fe^{2+}）が溶けだします。それと同時に，水分子（H_2O）と水に溶けた酸素分子（O_2）が鉄イオンと結びついて赤色の「水酸化鉄（$Fe(OH)_3$）」へと変化します。さらに水酸化鉄が水中の酸素分子と反応し，「酸化鉄（Fe_2O_3）」へと変化し，金属表面に付着します。これが赤サビの正体です。

　鉄がさびると表面がでこぼこした状態になるのは，鉄イオンが溶けだし，さらに赤サビが表面に付着するためにおきるのです。

135

7 鉄がサビつく化学反応

水中の酸素分子と水分子が、鉄から電子を引き抜いて、鉄イオン（Fe^{2+}）と水酸化物イオン（OH^-）をつくりだします。できた鉄イオンは水酸化物イオンとすぐに反応して、赤色の水酸化鉄（$Fe(OH)_3$）となり、一部は鉄板の上にはりつき、さらに酸素と反応して酸化鉄（Fe_2O_3）となります。

1. 鉄がイオンになる

水が付着すると、鉄はイオンになります。そして、水分子と酸素が電子を受け取り、水酸化物イオンができます。

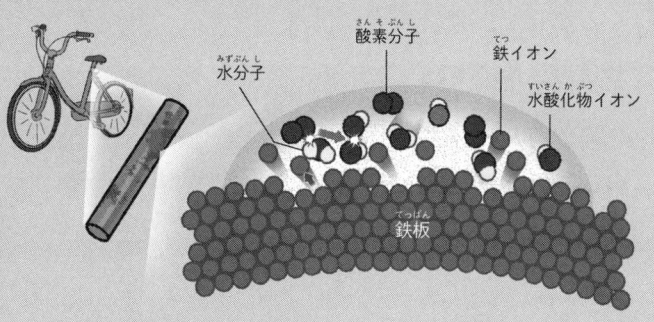

水分子　　酸素分子　　鉄イオン　　水酸化物イオン　　鉄板

2. 酸素と結合してさびる

　　鉄イオンと水酸化物イオンは，水酸化鉄となり，水を赤くします。さらに酸素分子と反応して酸化鉄となり，赤サビになります。

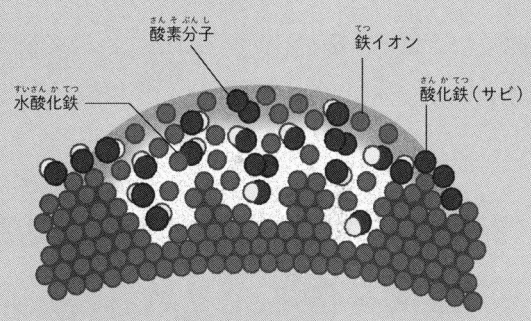

酸素分子

鉄イオン

水酸化鉄

酸化鉄（サビ）

8 ▶ 電池は，金属のイオンを利用している

金属から金属へ電子が移動することで，電気が流れる

　私たちの生活に欠かせない電池。電池のしくみには，金属の陽イオンへのなりやすさがかかわっています。陽イオンになりやすい金属からなりにくい金属へ電子が移動することで，電気が流れるのです。

マイナスの金属からプラスの金属に電子が流れる

　金属の陽イオンへのなりやすさは，「イオン化傾向」という指標であらわされます。とくにイオン化傾向の大きい順に金属を並べた「イオン化列」が，電池などの金属の反応を考える上で重要

138

な手がかりとなります。

　たとえば，亜鉛（Zn）と銅（Cu）の場合を考え
てみましょう。亜鉛板と銅板を導線でつないで薄
い硫酸（H_2SO_4）に入れると，陽イオンになりや
すい亜鉛が電子を放出して亜鉛イオンとなり，
溶けだします。そして，放出された電子が，陽
イオンになりづらい銅板の方へと流れていきま
す。こうして導線に電気が流れるのです。これが
電池の基本的なしくみです。

よりイオン化傾向に差がある
金属を組み合わせると，高い
電圧を生みだす電池をつくる
ことができます。

8 ▶ イオンと電池の電極の関係

左のイラストは，イオン化傾向の大きな順に金属を並べた「イオン化列」です。イオン化傾向の大きな亜鉛と，イオン化傾向の小さな銅を，薄い硫酸に入れて導線でつなぐと，電子が流れ，電池ができます（右のイラスト）。

イオン化列

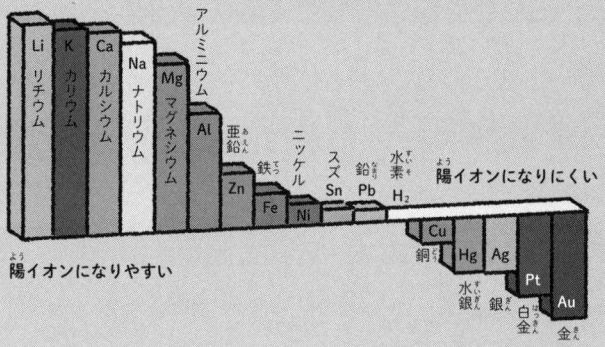

陽イオンになりやすい

陽イオンになりにくい

亜鉛板と銅板でできた電池

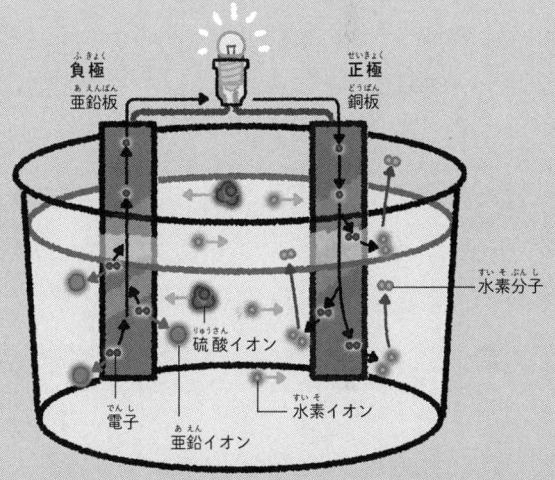

負極
亜鉛板

正極
銅板

水素分子

硫酸イオン

水素イオン

電子

亜鉛イオン

マンガン乾電池の中を見てみよう

電子の放出と、受け取りを別々の場所で行う

どの電池（化学電池）も根本的なしくみは同じです。電池は、電子を放出する反応と、電子を受け取る反応を別々の場所で行わせ、それを導線でつないで電気の流れを得るものです。

一般によく使われる「マンガン乾電池」の中を見てみましょう（右のイラスト）。亜鉛（Zn）と二酸化マンガン（MnO_2）が電極として使われ、電解液に塩化亜鉛（$ZnCl_2$）と塩化アンモニウム（NH_4Cl）の水溶液が使われています。そして、正極と負極が接してショートしないように、セパレーターという電気を通さないしきりで、正極と負極がへだてられています。

9 マンガン乾電池

マンガン乾電池は，負極に亜鉛（Zn），正極に二酸化マンガン（MnO_2）を使用します。負極では亜鉛が電極に電子を置いて亜鉛イオン（Zn^{2+}）になります。電子は，導線を流れて正極にいきます。正極では，炭素を介して，二酸化マンガンが電子を受け取ります。

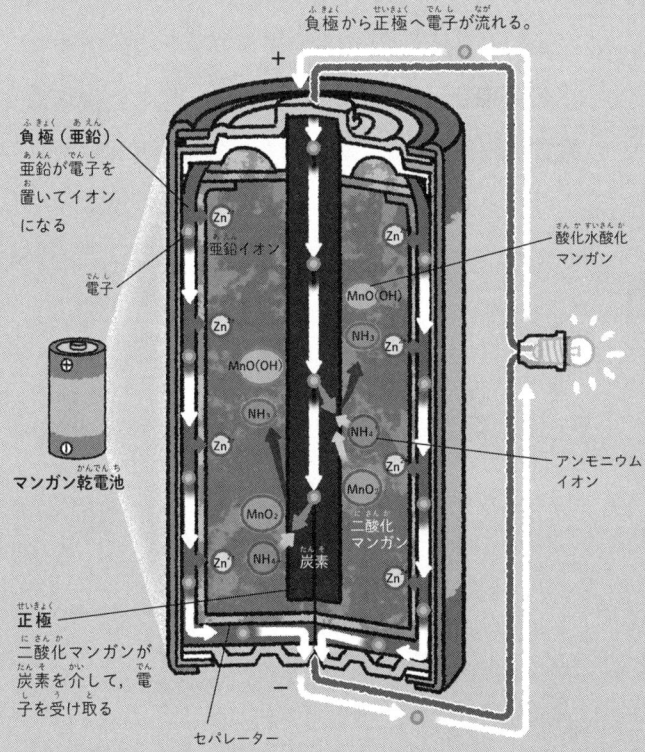

負極から正極へ電子が流れる。

負極（亜鉛）
亜鉛が電子を置いてイオンになる

電子

亜鉛イオン

$MnO(OH)$

NH_3

Zn^+

MnO_2

Zn^+

NH_4

炭素

二酸化マンガン

MnO_2^-

マンガン乾電池

酸化水酸化マンガン

アンモニウムイオン

正極
二酸化マンガンが炭素を介して，電子を受け取る

セパレーター

143

正極と負極に何を使うかで，電池の電圧が決まる

電解液をのりでペースト状にし，二酸化マンガンを黒鉛（C）の粉末とともに固めることで，液もれの少ない乾いた電池にしています。負極の亜鉛と，正極の二酸化マンガンを導線でつなぐと，亜鉛イオンが電解液に溶けだして，導線に電気が流れます。このような，電池の基本的なしくみは共通で，イオンが電気の流れをつくっています。

乾電池を発明したのは日本人で，1887年（明治20年）に屋井先蔵という時計技師が発明したんだペン。

144

memo

イカやタコの血液は青い

　私たちの体をめぐる血液は，赤色をしています。しかし，すべての動物の血液が赤いわけではありません。中には，血液が青色の動物もいます。

　人の血液が赤いのは，赤血球の中に含まれる鉄のためです。人は，肺からとりこんだ酸素をヘモグロビンのヘム鉄にくっつけて，全身に酸素を送り届けています。このヘム鉄が赤色をしているため，人の血液は赤くみえます。

　一方，イカやタコは，エラからとりこんだ酸素の運搬に鉄ではなく，銅を使っています。ヘモシアニンというタンパク質に結合している2個の銅イオンに酸素分子が結びつくと，青色になります。そのため，なんとイカやタコの血液は，青色をしているのです。まるでエイリアンのようですね。イカやタコ

146

などの軟体動物のほかにも，エビやカニなどの甲殻類も血液は青色です。なお，死んでから時間がたつと，銅イオンから酸素がはなれてしまうため，血液は半透明になります。

第4章

現代社会に
欠かせない有機物

有機物は炭素や水素，酸素などの，少ない種類の元素からできているにもかかわらず，無機物よりも圧倒的に種類が多いといわれています。その鍵をにぎっているのが「炭素原子」です。この章では，有機物についてせまっていきます。

炭素原子が生みだす 物質を調べる有機化学

「生物から得られるもの」を 「有機物」とよんだ

化学は大きく，「無機化学」と「有機化学」に分けられています。

18世紀の後半，当時の化学者たちは，動植物やそれらからつくられる酒や染料などの「生物から得られるもの」を，「有機物（Organic Compound）」とよびました。一方，それ以外の岩石や水，鉄や金などを，「無機物（Inorganic Compound）」とよぶようになりました。

有機物は，無機物よりも非常に種類が多い

　現在知られている118種の元素の多くは，無機物をつくりだしています。無機物は，どの元素を，どれくらいの割合で含んでいるかによって性質がことなります。

　一方，有機物の性質を決めているのは，主に元素のつながり方です。18世紀末には，有機物は，炭素（C）や水素（H），酸素（O），窒素（N）などの，少ない種類の元素からできていることが明らかになっていました。有機物の性質のちがいは，元素の種類ではなく，元素のつながり方のちがいによってつくりだされているのです。有機物は，ごく一部の元素からできているにもかかわらず，無機物よりも非常に種類が多いといわれています。中でも重要なのが，炭素の原子です。そして，この炭素が生みだすさまざまな物質を調べる化学が，「有機化学」です。

1 身のまわりの有機物

身のまわりにある多くの物質は有機物です。いずれの有機物も炭素をはじめとする，少ない種類の元素からできています。

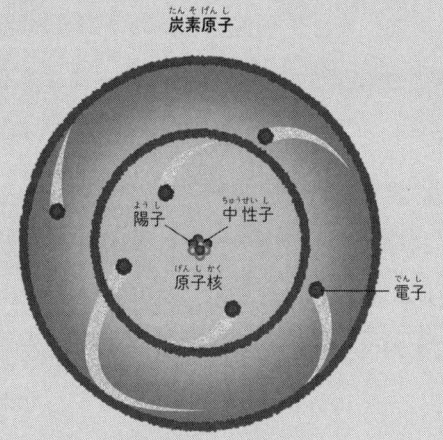

炭素原子

陽子

中性子

原子核

電子

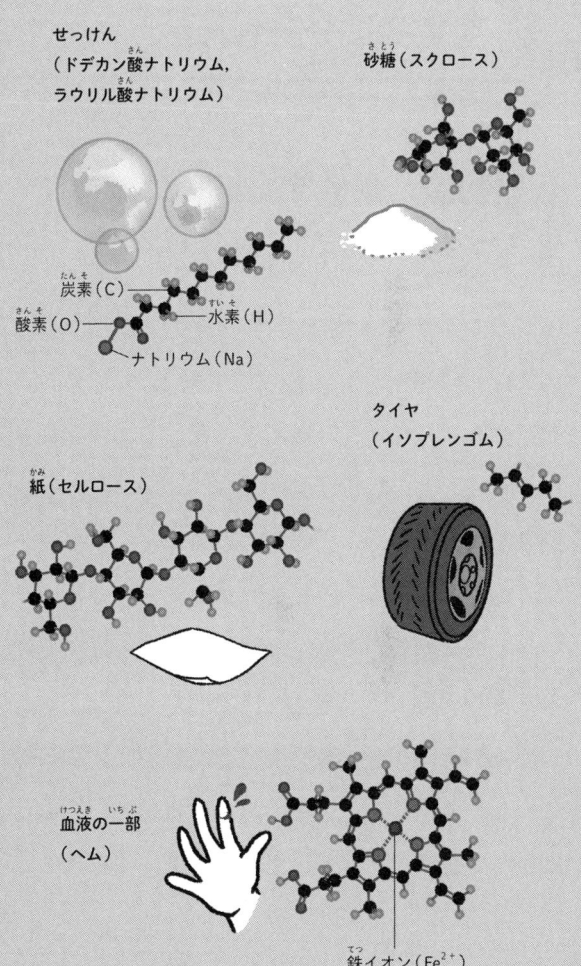

せっけん
（ドデカン酸ナトリウム，
ラウリル酸ナトリウム）

砂糖（スクロース）

炭素（C）
酸素（O）
水素（H）
ナトリウム（Na）

紙（セルロース）

タイヤ
（イソプレンゴム）

血液の一部
（ヘム）

鉄イオン（Fe^{2+}）

153

19世紀，有機物は徹底的に分解された

有機物は，燃やすと気体になって消えてしまう

　　フランスの化学者アントワーヌ・ラボアジエ（1743 ～ 1794）は，「物質を分解しつづければ，元素にたどりつく」と唱えました。この提案をきっかけに，ユストゥス・フォン・リービッヒ（1803 ～ 1873）など多くの化学者が，身のまわりの物質を調べるようになりました。

　　当時の化学者たちは，有機物を燃やして発生する気体を種類ごとに取りだして重さをはかれば，有機物の元素の割合が求められると考えました。しかし，発生した気体をもらさずに集め，正確にはかることはむずかしいことでした。

154

有機物ごとに炭素，水素，酸素の比は無数にある

　この問題を解決したのが，リービッヒです。リービッヒは，1830年ごろ，有機物に含まれる炭素，酸素，水素を正確に調べる装置を発明しました。装置は多くの化学者に使われるようになっていきます。

　この装置を使うと，さまざまな有機物に含まれる炭素，水素，酸素の比を，「1：2：1」，「6：10：5」などと求めることができました。そしてこの比は，有機物ごとに無数にあることがわかりはじめました。

リービッヒは，ドイツのギーセン大学で教授を務め，国内外からやってきた教え子は400人をこえました。その中には，のちに有機物の構造を解明するケクレなどがいました。

155

2 リービッヒの元素分析装置

有機物に含まれる炭素，酸素，水素の割合を調べるために，まず有機物を燃焼させます。そのときに発生した水蒸気や二酸化炭素の重さを測ることで，それぞれの元素の割合を求めました。

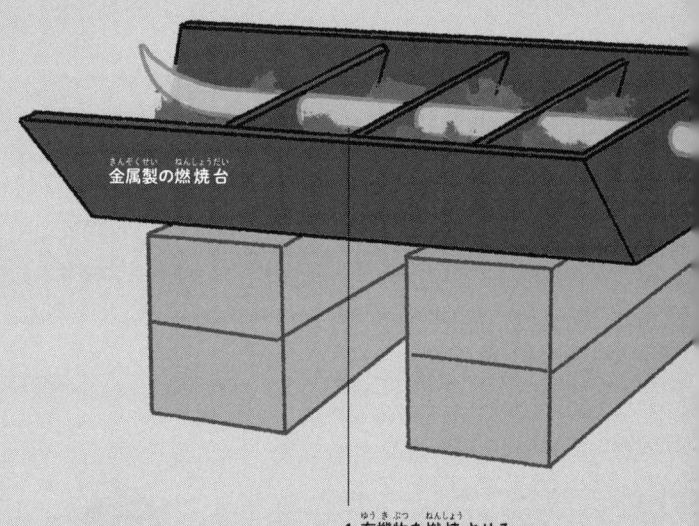

金属製の燃焼台

1. 有機物を燃焼させる

リービッヒの元素分析装置のカリ球の形は，アメリカ化学会のロゴマークになっているそうよ。

水蒸気，二酸化炭素の流れ →

U字管
（水蒸気を
吸収する）

カリ球
（二酸化炭素を
吸収する）

ガラス管
（カリ球の水溶液から逃げた
水蒸気を吸収する）

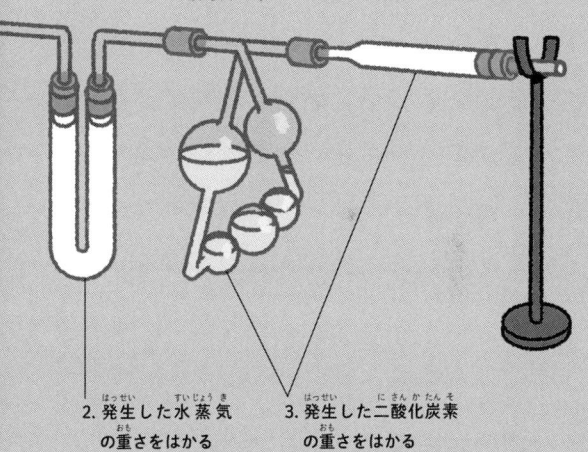

2. 発生した水蒸気
の重さをはかる

3. 発生した二酸化炭素
の重さをはかる

157

炭素の四つの手が
多彩な有機物を生み出す

化学者たちは，さまざまな分子の
姿を推理した

　　リービッヒの装置によって，有機物は炭素など
の少数の元素からできており，有機物の元素の
比は無数にあることが明らかになりました。そこ
で化学者たちは，炭素や酸素，水素などの原子が
組み合わさってできる「分子」の形が，有機物の
性質のちがいに関係しているのではないかと考
えました。そして，さまざまな分子の姿を推測
しました。

炭素は四つの手をもっている

　　リービッヒの装置の誕生から20年後，まずイ
ギリスの化学者エドワード・フランクランド

3 元素は“手”で結合する

19世紀の化学者たちは，原子はそれぞれの“手”をもっており，おたがいに手をつないで結合すると考えました。炭素は4本，酸素は2本，水素は1本の手をもつと推測されました。

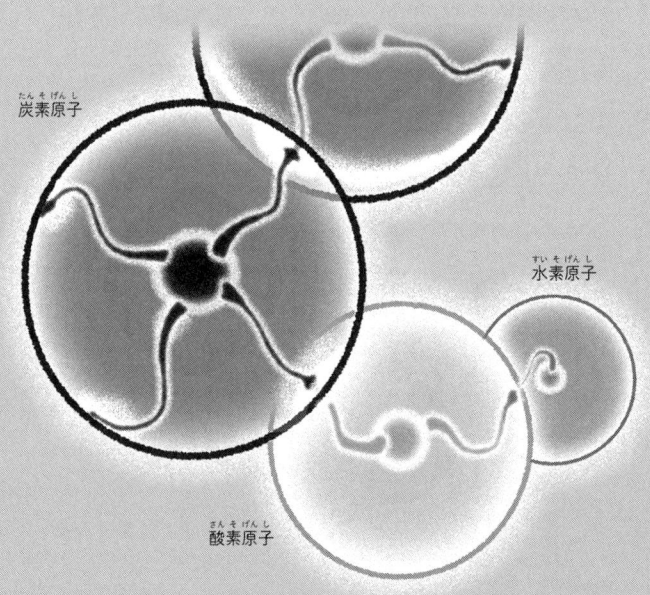

炭素原子

水素原子

酸素原子

（1825 〜 1899）が，「原子は，それぞれの"手"をもっており，おたがいに手をつないで結合する」と唱えました。そして1858年，ドイツの化学者アウグスト・ケクレ（1829 〜 1896）は，「酸素は2本の手を，水素は1本の手をもっている」という説を紹介し，さらに，「炭素は四つの手をもち，一度に四つの原子と結合できる」という新説を発表しました。

　これらの説は，さまざまな有機化合物のなぞを説明できたため，化学者に受け入れられていきました。そうして，有機化合物の姿が徐々にわかりはじめたのです。

元素ごとに決まった数の手をもっていて，その手を使って，結合すると考えられたんだペン。

4 炭素原子がつながって, 有機物の骨格になる

炭素どうしが長くつながった分子である「脂肪族」

　19世紀の化学者たちは, 有機化合物を調べていくうちに, 化合物の分子に共通する部分があることに気づきました。多くの分子が, 炭素が鎖のように長くつながった構造や, 炭素が環のようにつながった構造をもっていたのです。

　「鎖」の代表例は, 炭素どうしが長くつながった分子である「脂肪族」です。脂肪族の炭素は, 2本の手を使って両どなりの炭素とつながり, 残った2本の手でそれぞれ水素と結合しています。この水素の部分は, ほかの原子などと置きかえることができ, 炭素の鎖は有機物の「骨格」となっています。

環をもつ分子の代表例は，「ベンゼン」

環をもつ分子の代表例は，19世紀に普及していたガス灯の石炭ガスから発見された「ベンゼン」です。

発見されてからしばらくの間，ベンゼンはどんな形をしているのかわかりませんでした。その正体を明らかにしたのは，炭素原子が四つの手をもつことを見抜いたケクレでした。ケクレは，ベンゼンの6個の炭素が結びつき，環状になっていると考えました。そして，ベンゼンの炭素はそれぞれ1個の水素と結びついており，この水素は，脂肪族と同じように，別の原子などと置きかえられることができると考えたのです。

4 ロウの分子とベンゼンの分子

有機化合物には，炭素が長く連なった構造や，炭素が環のように つながった構造をもつものが多くあります。例えば，ロウソクのロウの分子は，鎖状をしており，ガス灯の石炭ガスからみつかったベンゼン分子は，環状をしています。

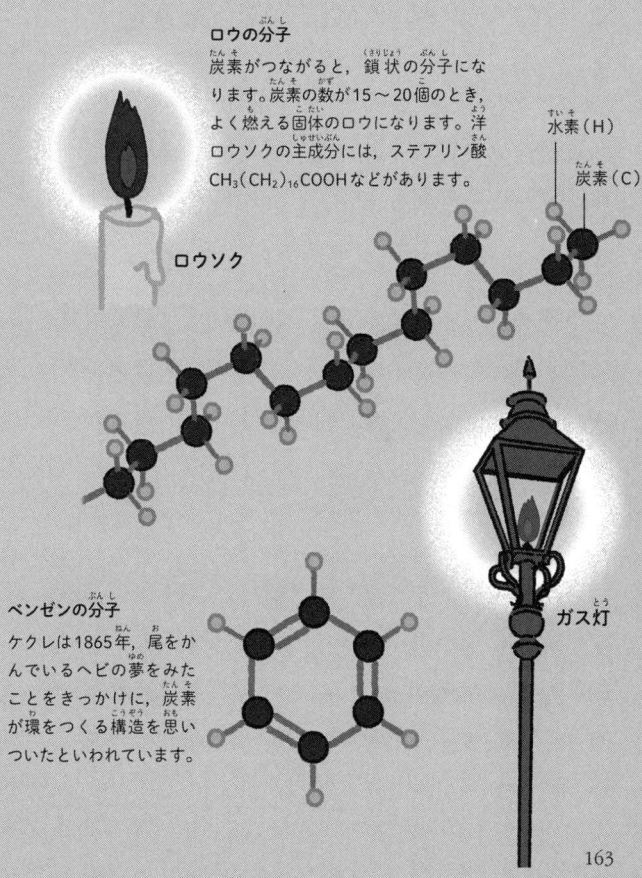

ロウの分子

炭素がつながると，鎖状の分子になります。炭素の数が15〜20個のとき，よく燃える固体のロウになります。洋ロウソクの主成分には，ステアリン酸 $CH_3(CH_2)_{16}COOH$ などがあります。

水素（H）
炭素（C）

ロウソク

ベンゼンの分子

ケクレは1865年，尾をかんでいるヘビの夢をみたことをきっかけに，炭素が環をつくる構造を思いついたといわれています。

ガス灯

有機物の性格は、
"飾り"で決まる

ヒドロキシ基は水に似た構造をもっている

　有機物の性質は，炭素原子でできた骨格だけで決まるわけではありません。

　たとえば家庭用のガスに使われる「プロパン」の気体は，炭素原子三つと，水素原子八つでできています。その水素原子の一つを，酸素と水素からなる「ヒドロキシ基」という"飾り"に置きかえると，「プロパノール」という液体になります。

　プロパノールは，化粧品やインクなどに使われている素材です。もとのプロパンはまったく水にまざりませんが，プロパノールは水にまざりこむことができます。これは，ヒドロキシ基が水に似た「-O-H」という構造をもっているためです。

有機化合物の性質は，飾りに左右される

　このように，有機化合物の性質は，その化合物がどんな飾りをもっているかに大きく左右されます。これらの飾りは「機能をあたえる部分」という意味で「官能基（Functional Group）」とよばれています。

ヒドロキシ基のほか，官能基には，水に溶けない有機物を溶かす「エーテル結合」，人体に有害な物質をつくる「カルボニル基」，水に溶け，強い酸性を示す「スルホ基」，酢など有機物の酸をつくる「カルボキシ基」，さまざまな香りをつくる「エステル結合」，急激に反応し，爆発することもある「ニトロ基」，水素を引きつけ，アルカリ性を示す「アミノ基」などがあります。

165

5 機能をあたえる「飾り」

炭素の鎖に飾り（官能基）をつけると，もとの有機物とはまったくことなる性質をもたせることができます。官能基には，さまざまなものがあります。

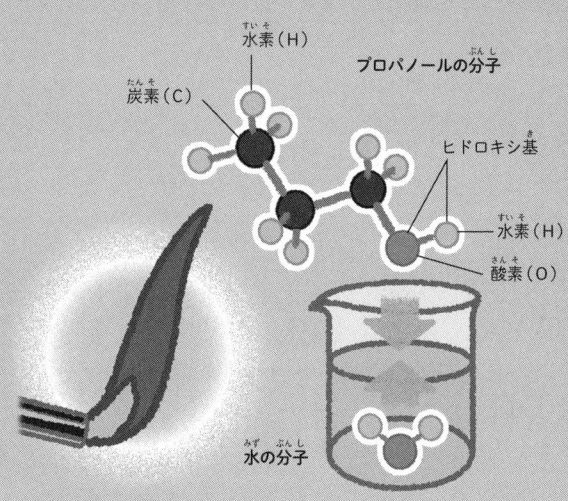

水素（H）

炭素（C）

プロパノールの分子

ヒドロキシ基

水素（H）

酸素（O）

水の分子

代表的な八つの官能基

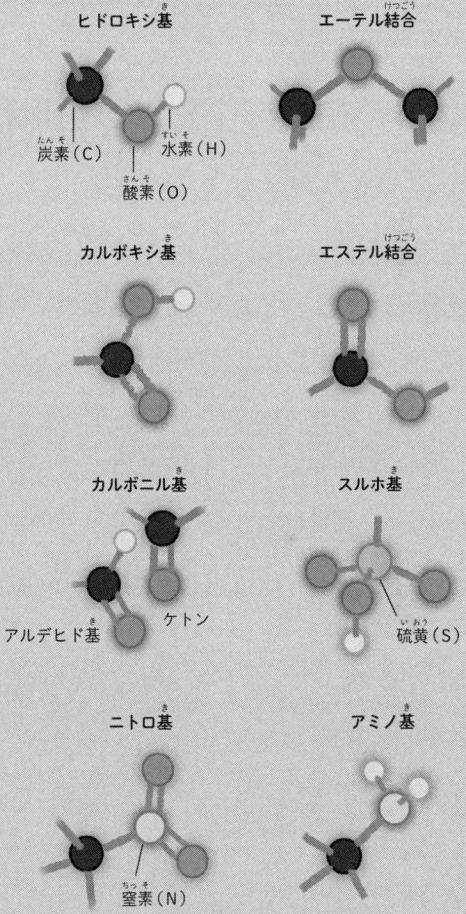

ヒドロキシ基
炭素（C）　水素（H）
酸素（O）

エーテル結合

カルボキシ基

エステル結合

カルボニル基
アルデヒド基　ケトン

スルホ基
硫黄（S）

ニトロ基
窒素（N）

アミノ基

6 同じ原子からでも，まったく
ちがう有機物ができる

異性体の存在で，有機物の種類は
何倍にもふえる

　有機化合物には，「同じ種類と数の原子からな
るにもかかわらず，つながり方がことなる分子の
組み合わせ」がたくさんあります。そのような組
み合わせを，「異性体」とよびます。

　元素の数が多い複雑な分子ほど，異性体の数も
多くなります。異性体の存在によって，有機物の
種類は何倍にもふえるのです。異性体には，分子
の形がどのようにちがうかによってさまざまな
種類があります。その中でも，最も形が似てい
る異性体に，「鏡像異性体」があります。

メントールは,
鏡像異性体の身近な例

　鏡像異性体とは,分子の構造が左右対称の関係にある分子のことをいいます。

　身近な例に,ミントに含まれる「メントール」の分子があります。自然のハッカの草は,メントールの鏡像異性体の片方だけをつくります。これは,ミントのさわやかな風味を感じる分子で,「L体」とよばれています。

　一方,メントールを実験室でつくると,約2分の1の確率で,もう片方の分子もできます。これは消毒薬に似たにおいをもつ分子で,「D体」とよばれています。L体とD体は,つくり方も,化学反応の仕方などの性質もほぼ同じですが,別の物質です。

6 代表的な異性体

同じ元素からできているものの，原子のつながり方がことなる分子を異性体といいます。異性体には，構造異性体や鏡像異性体など，いくつかの種類があります。

構造異性体
分子を構成する原子の数は同じで，つながり方がことなる物質の組み合わせを，構造異性体といいます。

ブタン　　　　　　　　　　　　　イソブタン

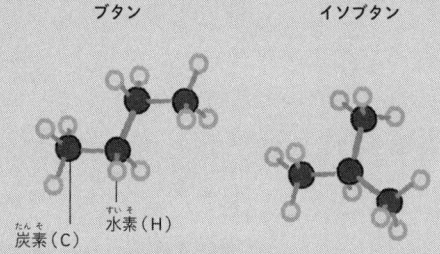

炭素（C）　　　水素（H）

鏡像異性体

右手と左手のように左右対称で，そっくりなのに重ねられない分子の組み合わせを鏡像異性体といいます。

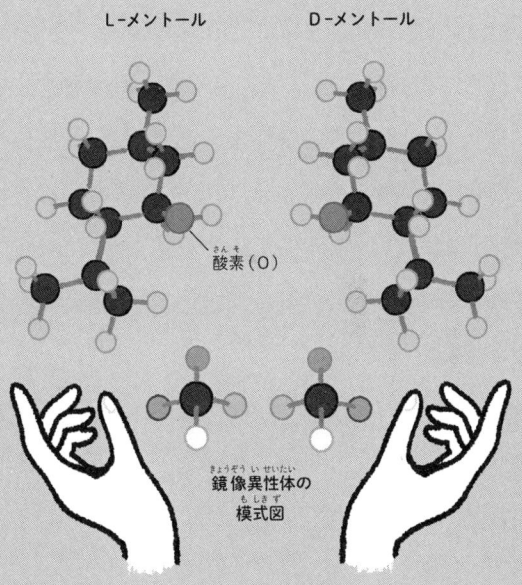

L-メントール　　　　　D-メントール

酸素(O)

鏡像異性体の
模式図

171

生命の部品は，炭素が骨格になっている

生命の部品はすべて，炭素を中心にした有機物

　私たちヒトはもちろん，すべての生命の体は，「細胞」でできています。この細胞をつくるのは，きわめて複雑な立体構造をもつ部品たちです。

　細胞膜をつくるリン脂質，二重らせん構造をもつDNA，精密機械のようなタンパク質などの材料が組み合わさって，細胞を構成しています。これらの複雑な生命部品はすべて，炭素を中心にした有機物です。

7 生命の部品をつくる主な元素

リン脂質，DNA，タンパク質などの細胞の材料は，炭素や水素，酸素，窒素，硫黄，リンなど，数種類の元素でできています。

生命の部品をつくる主な元素

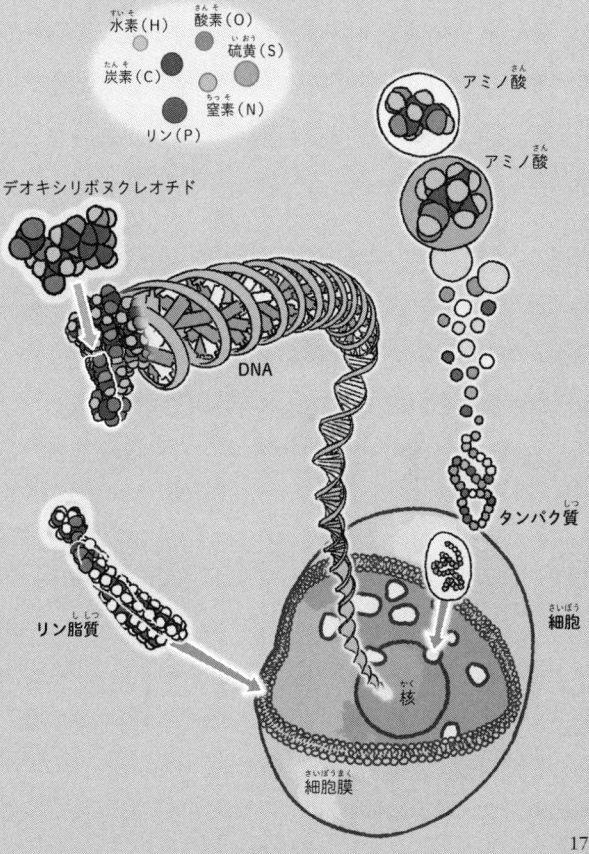

水素(H)　酸素(O)　硫黄(S)　炭素(C)　窒素(N)　リン(P)

アミノ酸
アミノ酸

デオキシリボヌクレオチド

DNA

タンパク質

リン脂質

細胞

核

細胞膜

173

タンパク質は，生命の体を構成する万能選手

DNAは，2本の鎖がらせんをえがいたような構造をした分子です。DNAは，基本単位である「デオキシリボヌクレオチド」がつながってできています。デオキシリボヌクレオチドに含まれる「塩基」というパーツには，四つの種類があります。DNAは，その塩基の並びで，遺伝情報を保持しています。

タンパク質は，さまざまな生命活動を成立させたり，生命の体を構成したりする万能選手です。「アミノ酸」という基本ユニットが数珠つなぎにつながってできた分子です。また，リン脂質は細胞のまわりを取り囲む「細胞膜」をつくっています。

memo

マグロのトロは，
なぜとろけるの？

博士！　寿司のトロは，なぜ口の中でとろけるんですか？

それは，魚の油脂（いわゆるあぶら）が大きく関係しておる。油脂は，固体の「脂肪」と液体の「油」に分けられるんじゃ。牛脂，豚脂（ラード）などは固体の脂肪で，オリーブ油やゴマ油などは液体の油じゃな。

あぶらにもいろんな種類があるんですね。

そうなんじゃ。固体の脂肪には，まっすぐな形の分子が多く含まれる。ぎゅっと集まりやすいから固体になりやすいんじゃ。一方，液体の油には，曲がった分子が多く含まれるんじゃ。曲がった形の分子どうしは，集まってもすき間があいてしまって，固体になりにくいんじゃ。

176

それが，トロがとろけることとどう関係するんでしょうか？

魚の油脂は，曲がった形の分子を豊富に含むから，固体になりにくいんじゃ。トロがとろけるのは，魚の油脂が常温で液体だからじゃよ。

ヘンな名前の有機物たち

　有機物には，おもしろい名前がついているものが
たくさんあります。そのいくつかを紹介しまし
ょう。

　**「ナノプシャン」は，人間のような形をしている
有機物です。**ナノプシャンという名前は，10億分
の1をあらわす「ナノ」と，『ガリバー旅行記』に登
場する小人国の住人「リリプシャン」をもじって
名づけられたといいます。ちなみに，ナノプシャン
の"身長"は約2ナノメートルです。

　**「ペンギノン」は，分子式 $C_{10}H_{14}O$ であらわされ
る有機物です。**その平面構造式が，ペンギンに似て
いることから名づけられたようです。一方「シクロ
アワオドリン」は，環状をした有機物の一種です。
その名の由来は，形が阿波踊りをする人たちのよ

178

うすに似ているからなのだそうです。どの名前にも，その有機物を発見したり合成したりした化学者たちの，有機物への愛が感じられますね。

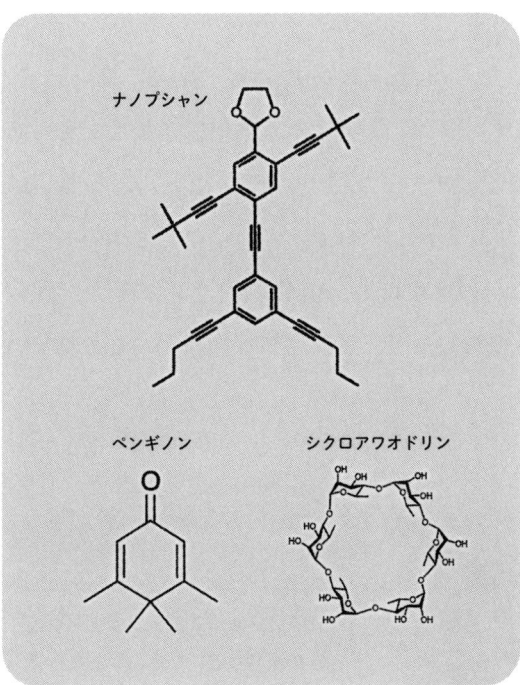

ナノプシャン

ペンギノン

シクロアワオドリン

私たちは有機物に囲まれて生活している

ペットボトルは，鎖状の長い分子でできている

　私たちの身のまわりには，鎖状の長い分子，「ポリマー（高分子）」でできたものがたくさんあります。ビニール袋やペットボトル，あるいは「ポリエステル」や「ナイロン」などもその一例です。そのほかにも，接着剤や，高い圧力に耐える水槽の壁など，さまざまな素材がつくられています。

ナイロンは，スポーツウェアや気球の風船など，いろんなところで利用されているのよ。

8 ポリクロロプレンとナイロン

アメリカの化学者ウォーレス・カロザースは，1931年，世界ではじめて人工のゴム「ポリクロロプレン」をつくることに成功しました。その4年後，カロザースはさらに「ナイロン」を開発しました。

ポリクロロプレン

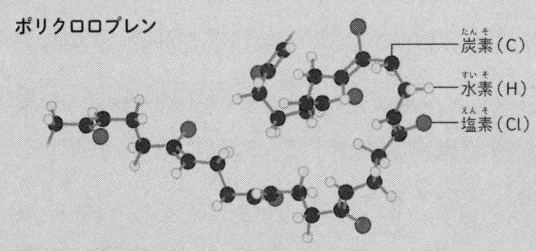

炭素（C）
水素（H）
塩素（Cl）

ナイロン

水素（H）
窒素（N）

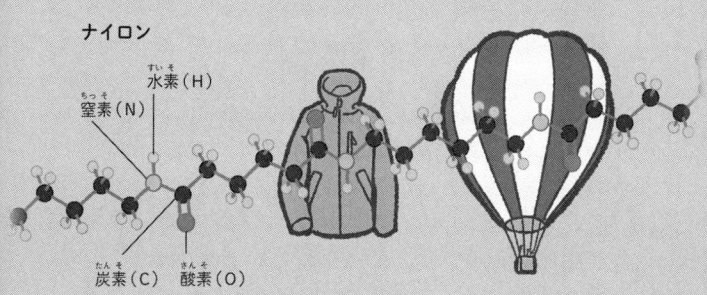

炭素（C）　酸素（O）

小さな分子をつなぎあわせて，長い鎖状の分子にする

ポリマーは，20世紀に人間がつくりだした有機物です。

ポリマーは，まず小さな分子（モノマー）をつくり，その分子を数万〜数十万個もつなぎあわせて，長い鎖状の分子（ポリマー）にすることでつくられます。なお「モノ」は「1」，「ポリ」は「多数」という意味があります。ポリマーは，「分子をたくさんつなげたもの」という意味なのです。

初期のポリマーとして，1931年，アメリカの化学者ウォーレス・カロザース（1896〜1937）が合成した世界初のゴム「ポリクロロプレン」や，同じくカロザースが1935年に合成した世界初の合成繊維「ナイロン」が知られています。

9 薬となる有機物を人工的に合成する！

さまざまな有機物が実験で合成されるようになった

　人々は，3500年以上も前から，さまざまな薬草をみつけ，利用してきました。もし，ほしい成分を人工的に合成できれば，より短期間で薬をつくることができます。20世紀に入って有機化学が発展するにつれ，さまざまな天然の有機物の構造が調べられ，実験室で合成されるようになっていきました。

　実験室で合成されるようになった代表的な例が，鎮痛薬の「アスピリン[※1]」や，熱帯の伝染病であるマラリアの特効薬「キニーネ」です。また最近の例では，インフルエンザの薬「タミフル[※2]」が，「ハッカク」という実から取りだした分子を組みかえてつくられています。

コンピューター上で, 新しい化合物の候補をつくる

　20世紀の薬学は, 生物がつくる薬の分子を調べ, 改良し, 実験室でつくることで発展してきました。一方で近年は, コンピューターを利用して, 新しい薬品を一からつくる手法が発展しています。

　まず, コンピューター上で, 従来の薬品の情報をもとに, 病気に効く新しい化合物の候補を数百万種類つくることもできます。そして, 有望な物をしぼりこみ, 実際に合成して試験します。

20世紀に入って有機化学が世界で研究されるようになると, 各地域独特の物質を研究する「天然物化学」が発展したんだペン。その中には, コンブやフグなど, 日本で古くから親しまれている食材や生物も含まれているペン。

9 サリシンとアスピリン

古来より，ヤナギの樹皮は鎮痛薬に使われてきました。サリシンは，ヤナギの樹皮から取りだされた鎮痛成分です。アスピリンは，サリシンを改良してつくられました。

ヤナギ
古来より，樹皮が鎮痛薬に使われてきました。イラストはシダレヤナギですが，サリシンはほかのヤナギからも取りだせます。

サリシン
1828年，ヤナギの樹皮から取りだされた鎮痛成分。19世紀に薬品として使われました。ただし，胃腸が荒れるという副作用がありました。

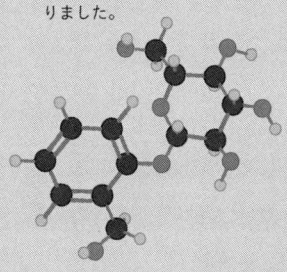

アスピリン
（アセチルサリチル酸）
サリシンを改良して，1897年につくられました。胃腸が荒れるというサリシンの副作用が弱まり，広く普及しました。

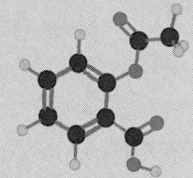
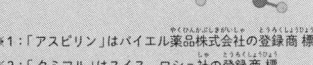

※1：「アスピリン」はバイエル薬品株式会社の登録商標
※2：「タミフル」はスイス，ロシュ社の登録商標

さまざまな物に有機化学が
利用されるようになった

　ラボアジエが18世紀末に元素を提案してから，19世紀の100年間で，有機化学は確立していきました。そして20世紀に入ると，プラスチックなどの石油製品や薬品，液晶ディスプレイなど，さまざまな物に有機化学が利用されるようになりました。

一方，20世紀には，大量に生産されたプラスチックがゴミ問題につながっています。現在，ゴミ問題に対しては，微生物に分解される「生分解性プラスチック」の開発や，リサイクル技術の普及など，さまざまな対策がとられています。

10 20世紀に発展した有機化学

20世紀を通じて，有機化学は医薬品，石油製品，電化製品などの分野に進出していきました。ここでは，その一例を紹介しています。

炭素原子
炭素を含む，原子の基本的な構造は，1913年，デンマークの理論物理学者ニールス・ボーア（1885～1962）によって提案されました。

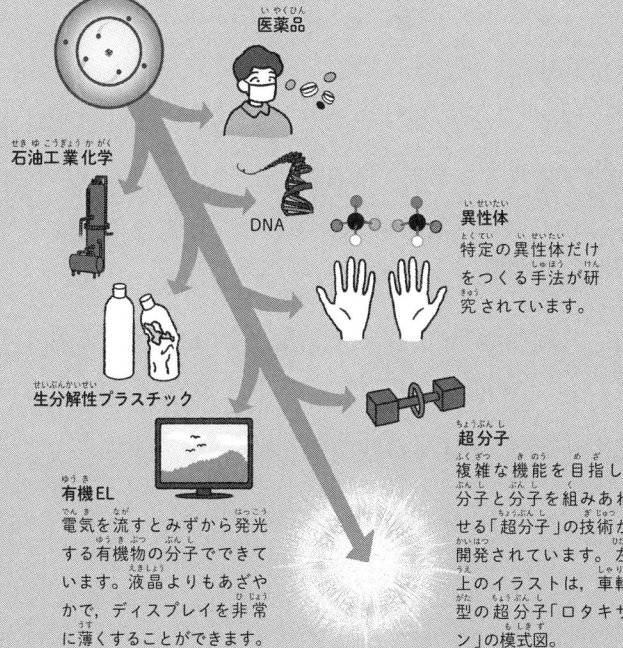

医薬品

石油工業化学

DNA

異性体
特定の異性体だけをつくる手法が研究されています。

生分解性プラスチック

超分子
複雑な機能を目指し，分子と分子を組みあわせる「超分子」の技術が開発されています。左上のイラストは，車輪型の超分子「ロタキサン」の模式図。

有機EL
電気を流すとみずから発光する有機物の分子でできています。液晶よりもあざやかで，ディスプレイを非常に薄くすることができます。

化合物の数は今も ふえつづけている

　有機化学はこれからどのように発展していくのでしょうか。現在では，コンピューターで設計した分子の性質を，分子の構造から予測したり，目的に応じて設計した分子を実際につくりだしたりすることが可能になりつつあります。

　また，分子をつくるだけではなく，つくった分子をいくつも組みあわせる「超分子」の化学が期待されています。決まった分子だけをとらえるセンサーや，微量の薬を包みこんで患部に届けるカプセルなど，さまざまな応用が可能です。

これまでに，報告された化合物は約2.7億個以上※にのぼり，そのうち約63%が有機物です。この数は今なおふえつづけています。

※：天然に存在する物質や，実験室でつくられた物質などを登録している研究機関（Chemical Abstracts Service：CAS）に登録されている化合物の登録件数より（2023年4月現在）。

memo

有機化学の創始者，リービッヒ

1803年、ダルムシュタットの薬物卸売商の10人の子どもの次男として誕生

子どもの頃は、学校の勉強よりも化学に興味があったので成績は悪かった

BOMB!

自分でつくった雷酸水銀（爆薬）を学校で爆発させて退学になる

えっへん

いろいろあったが、奨学金を得てパリ大学に入学

22歳の最年少でドイツのギーセン大学の教授になる

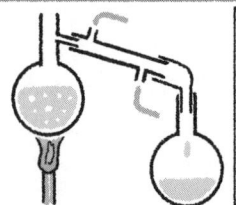

生化学へと研究分野を移し化学肥料の開発に成功

彼が発明した実験に使う冷却器は「リービッヒ冷却器」とよばれている

有機化学の創始者，ウェーラー

ウェーラーはリービッヒの友人であり共同研究者

当時は無機物から有機物はつくれないと考えられていたが…

無機物から有機物の尿素をつくることに成功

その業績から「有機化学の父」とよばれる

さくいん

memo

ニュートン超図解新書
最強に面白い
相対性理論

2024年2月発売予定　新書判・200ページ　990円（税込）

「時間と空間は，長くなったり短くなったりする」。こんな話を聞いて，信じられるでしょうか。これは，天才物理学者のアルバート・アインシュタインがとなえた，相対性理論の考え方です。相対性理論によると，1秒や1メートルの長さは，立場や状況によってかわってしまうといいます。

アインシュタインが「特殊相対性理論」を発表したのは，1905年のことです。特殊相対性理論は，時間と空間の新理論でした。さらにその10年後，アインシュタインは，理論を発展させて「一般相対性理論」を発表しました。一般相対性理論は，重力の新理論です。相対性理論は，常識を根底からくつがえす，世紀の大理論となりました。

本書は，2020年6月に発売された，ニュートン式 超図解 最強に面白い!!『相対性理論』の新書版です。相対性理論の不思議な考え方を，ゼロからやさしく，そして"最強に"面白く紹介する1冊です。どうぞご期待ください！

余分な知識満載だイカ！

🍎 主な内容

イントロダクション

特殊相対性理論は，時間と空間についての理論
一般相対性理論は，時間と空間そして重力の理論

相対性理論の基本，光の速さを知る

光の速さは，秒速約30万キロメートル
通常，物の速度は，見る人によってちがう

特殊相対性理論：時間と空間の新理論

高速で動く人は，時間が遅れ，空間が短くなる
宇宙は，$E=mc^2$ ではじまった

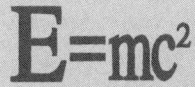

$$E=mc^2$$

一般相対性理論：重力の新理論

アインシュタインは，重力を時間と空間のゆがみだと考えた
東京スカイツリーの先端は，時間が速い

相対性理論と現代物理学

時空のさざ波，重力波がみつかった
ついに見えた！　ブラックホール

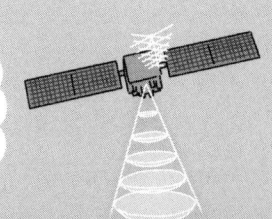

Staff

Editorial Management	中村真哉
Editorial Staff	道地恵介
Cover Design	岩本陽一
Design Format	村岡志津加（Studio Zucca）

Illustration

表紙カバー	岡田悠梨乃さんのイラストを元に佐藤蘭名が作成
表紙	岡田悠梨乃さんのイラストを元に佐藤蘭名が作成
11〜157	Newton Press，岡田悠梨乃
159	小林稔さんのイラストをもとに岡田悠梨乃が作成
163〜191	Newton Press，岡田悠梨乃

監修（敬称略）：
　桜井　弘（京都薬科大学名誉教授）

本書は主に，Newton 別冊『学び直し 中学・高校化学』の一部記事を抜粋し，
大幅に加筆・再編集したものです。

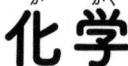

ニュートン超図解新書
最強に面白い　化学

2024年2月15日発行

発行人	高森康雄
編集人	中村真哉
発行所	株式会社 ニュートンプレス　〒112-0012 東京都文京区大塚3-11-6
	https://www.newtonpress.co.jp/
	電話 03-5940-2451